Studieren im Quadrat

Christof Seeger
Thomas Breyer-Mayländer

Studieren im Quadrat

Vom Studenten zum Chef

2., erweiterte Auflage

UVK Verlagsgesellschaft mbH · Konstanz und München

Prof. Christof Seeger war Geschäftsführer eines mittelständischen Zeitungsverlages, bevor er 2005 als Professor an die Hochschule der Medien in Stuttgart wechselte. Er lehrt unter anderen Themen der Personalführung und des Managements. Als Inhaber von „Seeger Media & Management" bietet er seit vielen Jahren Führungskräfteseminare für Unternehmen an.

Prof. Dr. Thomas Breyer-Mayländer war bis 2001 Geschäftsführer der Zeitungs Marketing Gesellschaft mbH & Co. KG, Frankfurt, und ist heute Professor für Medienmanagement und Prorektor Marketing + Organisationsentwicklung an der Hochschule Offenburg sowie Leiter des Steinbeis-Beratungszentrums „Leadership in Science and Education", Ettenheim.

Dieses Buch erschien bisher bei utb.

Bibliografische Information der Deutschen Bibliothek
Die Deutsche Bibliothek verzeichnet diese Publikation in der Deutschen Nationalbibliografie; detaillierte bibliografische Daten sind im Internet über <http://dnb.ddb.de> abrufbar.

ISBN 978-3-86764-701-4 (Print)
ISBN 978-3-7398-0088-2 (E-PUB)
ISBN 978-3-7398-0089-9 (E-PDF)

Umschlaggestaltung: Susannne Engstle und Susanne Fuellhaas

UVK Verlagsgesellschaft mbH
Schützenstr. 24 · 78462 Konstanz
Tel. 07531/9053-0 · Fax 07531/9053-98
www.uvk.de

Vorwort

Endlich oben, endlich geschafft, endlich Chef/in. Für viele ist eine Führungs- und Leitungsposition ein zentrales Motiv, um überhaupt ein Studium aufzunehmen. Die Frage ist allerdings, ob man während der Studienzeit auch ausreichend auf Führungsaufgaben vorbereitet wird, oder ob man darauf überhaupt vorbereitet werden kann.

Es gibt aus der Sicht von Außenstehenden viele Vorteile als Chef/in zu arbeiten, neben den vielen materiellen Dingen, wie beispielsweise ein höheres Gehalt, ein Geschäftswagen oder ein Firmenhandy, kommen vielleicht ein Assistent, eine Sekretärin oder ein ganzes Team dazu, die für einen arbeiten. Kurzum, man kann als Führungskraft durchaus eine gewisse Macht demonstrieren und über Statussymbole verfügen. Um als Führungspersönlichkeit erfolgreich zu sein, kommt es jedoch nicht auf die sichtbaren Insignien an, sondern auf die Fähigkeit, mit Menschen umzugehen und Verantwortung für Mitarbeiter/innen und unternehmerische Ziele zu übernehmen. Gerade Führungsneulinge finden sich sehr schnell in so genannten „Sandwich"-Positionen wieder, d.h. sie haben einerseits zwar eine Führungsposition innerhalb der Organisation inne, die allerdings im Organigramm dennoch weiteren Führungsebenen unterstellt ist. Es ist daher leicht nachvollziehbar, dass eine solche Position schnell dazu führt, dass sich Konfliktsituationen einstellen. Auch die neue Rolle als Vorgesetzter birgt viele Konflikte. Vor allem, wenn man aus der Kollegenebene kommt und auf einmal Chef/in von genau den Menschen wird, mit denen man bisher auf derselben Ebene zusammengearbeitet hat. Da sind Unsicherheit, Neid oder Ablehnung häufige Begleiterscheinungen.

Um mit dem Leben als Chef/in zurechtzukommen, gibt es ein paar wichtige Voraussetzungen, die wir in diesem Buch in kompakter Form darstellen möchten. Die fachliche Ebene, Ihr professionelles Fachwissen in Ihrer Branche oder Ihrer Funktion wird dabei als grundlegend vorausgesetzt, ohne die Sie i.d.R. nicht in eine Führungsposition kommen. Als Chef muss man die eigenen Stärken und Schwächen kennen. Dies ist wichtig, um zu wissen, welche Talente man mitbringt, in welchen Situationen man sie einsetzt und wo noch ungenutzte Erfolgspotenziale liegen. Die Auseinandersetzung mit der neuen Rolle ist eine wichtige Voraussetzung für Führungserfolg. Wie sieht die eigene strategische Positionierung innerhalb der Organisation aus? Sind Sie sich den Anforderungen der neuen Aufgabe wirklich bewusst? Haben Sie sich erreichbare Ziele gesetzt? Sind Sie bereit, neue Dinge zu lernen? Sind Sie bereit, sich von vielen liebgewonnenen Dingen zu verabschieden? Sind Sie bereit, dass alle Dinge, die Sie fortan tun und sagen, von anderen interpretiert werden?

Dieses Buch soll Ihnen dabei helfen, Antworten auf solche Fragen zu finden und Ihnen die Anforderungen an eine Führungsrolle bewusst machen. Das Buch hilft Studierenden, die Studienzeit, in der man noch nicht die Last der Verantwortung trägt, für die Vorbereitung auf eine Führungsrolle zu nutzen. Das Buch ist aber auch ein Begleiter für junge Berufstätige, bei denen die Option auf eine Führungsaufgabe unmittelbar bevorsteht.

Gäufelden/Ettenheim

Prof. Christof Seeger
Prof. Dr. Thomas Breyer-Mayländer

Inhaltsverzeichnis

1 Gibt es ein Studium für Chefs?

Damit der Weg vom Hörsaal auf den Chefsessel gelingt, lohnt es sich schon bei Beginn des Studiums bzw. während des Studiums einige Weichenstellungen vorzunehmen. Diese beinhalten zwar meist kein garantiertes Gelingen des Projekts „Ich werde Chef/in", führen aber zu einer deutlichen Erhöhung der Erfolgsquote.

Zentrale Ziele dieses Kapitels

- einen Überblick über unterschiedliche Wege zur Managementkarriere erhalten
- die Vor- und Nachteile der unterschiedlichen Wege kennenlernen
- unterschiedliche Wege bewerten und kombinieren können
- die eigene Eignung für Führungsaufgaben anhand von Indikatoren einschätzen lernen
- erfahren, wie das Studium mit seinen Möglichkeiten der Vorbereitung auf Führungsaufgaben genutzt werden kann

Schlagworte

- Fachstudium vs. Managementstudium
- Fach- und Führungskompetenzen
- analytische und strategische Fähigkeiten
- Eignung und Neigung für Führungsthemen

1.1 Fach- oder Managementstudium?

Wissen Sie schon, dass Sie eine Führungsaufgabe übernehmen wollen?

Wenn man mit Studierenden die Aufstiegsmöglichkeiten sowie die berufliche Flexibilität und Mobilität diskutiert, stellt sich für die meisten sehr rasch die Frage, „Was möchte ich denn später einmal wirklich machen?" Gerade bei der Frage, ob man später als Chefin oder Chef Verantwortung übernehmen möchte, herrscht oft Unsicherheit. Wir können Ihnen diese Frage natürlich nicht stellvertretend beantworten, aber in diesem Buch werden Ihnen Hilfestellungen angeboten, um mit dieser Frage konstruktiv umgehen zu können.

Der Großteil der Studierenden möchte mit einem Studium berufsrelevante Qualifikationen erwerben, um später auch im eigenen Wissens- und Interessengebiet beruflich erfolgreich sein zu können. Dazu gehört zweifellos auch die Option, Führungsverantwortung übernehmen zu können. Genauso wie Sie jetzt meist noch nicht wissen, auf welches Fachgebiet Ihres Studiums Sie sich später im Berufsleben spezialisieren, können Sie heute kaum ausschließen, dass Sie – in welchem Umfang auch immer – mit Aufgaben der Mitarbeiterführung konfrontiert werden. Daher sollte die Antwort auf die Eingangsfrage keinesfalls zu hoch gewichtet werden. Auch dann, wenn Sie selbst niemals Führungsarbeit ausüben werden, hilft Ihnen eine gute Kenntnis der wichtigen Führungsaufgaben, um auch in der Mitarbeiterrolle Ihre Beziehung zu Vorgesetzten und Kollegen gut auszugestalten.

Was für ein Studium haben Sie gewählt?

Wenn Sie sich schon für ein Studium entschieden haben, dann ist jetzt ein günstiger Zeitpunkt, um sich den Aufbau und die Inhalte des Studiengangs einmal unter dem Gesichtspunkt der dabei zu erwerbenden Kompetenzen anzuschauen. Es gibt in Bezug auf den Erwerb von Führungsqualifikationen Fachstudiengänge (z.B. Maschinenbau, Luft- und Raumfahrttechnik), in denen mehr (Ingenieurwissenschaften) oder weniger (Medizin, Kunstgeschichte, Mathematik) implizit lediglich Ansätze von Führungswissen und in den Arbeitsformen auch explizit nur Teile der damit verbundenen Kompetenzen erworben werden. Bei Managementstudiengängen geht es auch um die direkte fachliche Qualifikation, nur dass das Fachgebiet in diesem Fall so beschaffen ist, dass es die Führungskompetenzen als zentralen Inhalt abdeckt.

Die Zielsetzung des „Fachstudiums"

Ein Fachstudium (z.B. Architektur) qualifiziert Sie in den wissenschaftlichen und angewandten Aspekten der jeweiligen Fachdisziplin. Die dabei erworbenen Kompetenzen müssen nicht zwangsläufig einen berufspraktischen Bezug haben (z.B. bei Germanistik), sie können jedoch auch eine berufspraktische Erweiterung bekommen (z.B. Germanistik als Lehramtsstudium). Dabei spielt auch die gewählte Hochschulart eine Rolle. Allgemein sind Studiengänge an einer Fachhochschule (FH)/Hochschule für Angewandte Wissenschaften (HAW) wesentlich stärker an den Erfordernissen des Beschäftigungssystems orientiert. Das heißt, Kompetenzen, die für den Berufseinstieg und -aufstieg notwendig sind, werden auch im Fachstudium vermittelt. Ob hier auch Führungskompetenzen eine Rolle spielen, hängt von den jeweiligen Berufsbildern ab. Führungsthemen sind in diesem Fall aber untergeordnete Kompetenzfelder im Verhältnis zur Fachkompetenz im eigentlichen Themengebiet des Studiums.

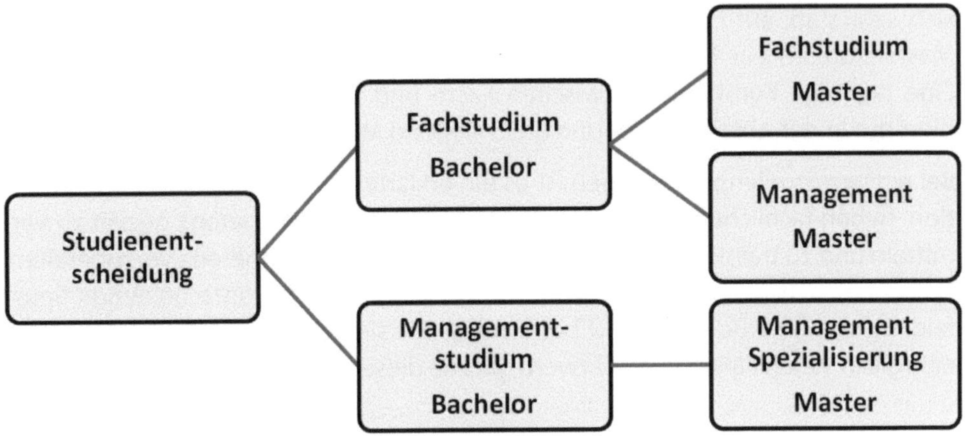

Abb. 1: Wege zur Führungskarriere via Studium

Die Zielsetzung des „Managementstudiums"

Im Managementstudium sollen sich die Studierenden in wissenschaftlich fundierter Form mit Management- und damit auch mit Führungsthemen auseinandersetzen, um die Kompetenz zu erlangen, Organisationen und Projekte zu steuern und Mitarbeiter zu führen. Damit ist das „Chef/in-Sein" hier der zentrale Bestandteil der Ausbildung.

Wie gleiche ich die Nachteile der gewählten Studienart aus?

Wer ein Managementstudium als Bachelor-Studium gewählt hat, tut häufig gut daran, sich in ein spezifisches Anwendungsfeld oder eine spezifische Branche einzuarbeiten. Praktika und Nebenjobs können hier ein Weg zu einer außercurricularen Vertiefung sein. Wer ein Fachstudium als Erststudium gewählt hat und sich sehr stark auf Führungsthemen konzentrieren will, kann beispielsweise im Masterstudium ein MBA(Master-of-Business-Administration)-Programm wählen. Eine derartige Kombination zwischen Fach- und Führungsqualifikation funktioniert nur in der Abfolge Fach- und anschließend Managementstudium.

Bei einigen Studienprogrammen ist es ein erklärtes Ziel der Studiengangkonzeption, neben fachlichen Kompetenzen auch die soziale Kompetenz gezielt zu vermitteln und zu trainieren und somit Teile der Führungskompetenz vorzubereiten. Das reine Fachwissen ist für den Führungserfolg nicht das entscheidende Spielfeld. Dies ist für Studierende oft befremdlich, da sie den größten Teil der Studienenergie in vielen Fällen in den Erwerb gerade dieser Fachkompetenz investieren.

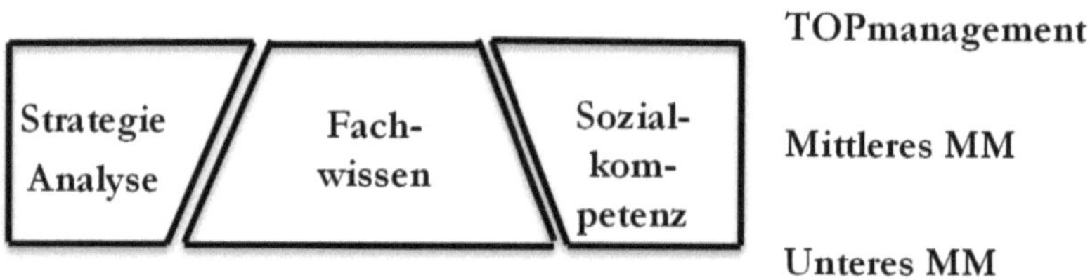

Abb. 2: Führungsrelevante Fähigkeiten (angelehnt an: Breyer-Mayländer 2004: 9, in Abwandlung von Staehle 1991: 85)

Der explizite Erwerb von Führungskompetenzen

Bei Managementstudiengängen und Studienprogrammen mit Führungsbezug gibt es die Möglichkeit, reflektierend im Rahmen des Erwerbs von Fachwissen, führungsrelevante Kompetenzen zu erwerben. Dies gilt insbesondere für Hochschularten wie Duale Hochschulen, Business Schools oder Fachhochschulen, bzw. Hochschulen für Angewandte Wissenschaften, die eine hohe Berufsfeldorientierung aufweisen.

Der implizite Erwerb von Führungskompetenzen

Aber auch die Themenbereiche eines Studiums, bei denen nicht Management und Führung in der Bezeichnung der Lehrveranstaltung stehen, können Studierenden den Erwerb führungsrelevanter Kompetenzen ermöglichen. Projektarbeiten, die beispielsweise als Gruppenarbeit durchgeführt werden, beinhalten im notwendigen Projektmanagement implizit eine ganze Reihe von Führungsthemen, die stark dem Projektmanagement in der Wirtschaft ähneln.

1.2 Führungskompetenz während der Studienzeit

Führungskompetenzen werden ja nicht immer nur durch ein Studium erworben. Eine wesentliche Möglichkeit, sich für die Chefrolle fit zu machen, sind Führungserfahrungen, die zeitlich parallel zur Studienzeit erworben werden.

Führungserfahrung in der studentischen Selbstverwaltung

Die Studierendenselbstverwaltung, der Allgemeine Studierenden Ausschuss (AStA) oder in einigen Bundesländern die „verfasste Studierendenschaft“ bieten auf Hochschul-, Fakultäts- und Studiengangsebene zahlreiche Möglichkeiten, nicht nur praktische politische und organisatorische Erfahrung zu sammeln, sondern zusätzlich auf diesem Wege typische Führungskompetenzen (Organisation von Interessen, Führung und Anleitung von Gruppen, Rede und Zielsetzung etc.) zu erlernen und zu trainieren. Dabei hat ein solches Engagement den Vorteil, dass es dicht an den aktuellen studentischen Interessen orientiert ist und in der Umsetzung deutliche Parallelen zu Führungsaufgaben im späteren Berufsleben aufweist. In der Regel lässt sich diese Erfahrung auch dokumentieren und erleichtert die Aufnahme in typische Laufbahnen für Nachwuchsführungskräfte im Rahmen des Berufseinstiegs.

Führungserfahrung im Nebenjob

Wer in seinen Jobs neben dem Studium nicht nur das Geldverdienen im Fokus hat, sondern – beispielsweise über eine längere Zusammenarbeit mit demselben Arbeitgeber – auch bereits echte Berufserfahrung sammeln kann, profitiert von ersten Erfahrungen bei der Anleitung anderer (neue Praktikanten etc.).

Führungserfahrung in Verein und Freizeit

Eine weitere Variante sind Führungsaufgaben in der Freizeit (z.B. als Jugendtrainer/in im Verein), die zeigen, dass man mit Menschen umgehen kann und die auch für die eigene Prüfung („Möchte ich mich zu einer Führungskraft weiterentwickeln?") ein relevanter Erfahrungshintergrund sein können. Im Gegensatz zu den Erfahrungen bei der studentischen Selbstverwaltung oder dem Nebenjob können hier erworbene Kenntnisse weniger direkt auf spätere Führungsthemen übertragen und auch im Sinne eines Bewerbungsprozesses nur begrenzt nachgewiesen werden. Sie helfen jedoch grundsätzlich bei der Entwicklung der Sozialkompetenzen.

1.3 Bin ich als Chef/in geeignet?

Für viele Studierende ist es gar nicht so einfach festzustellen, ob das Karriereziel „Führungsposition" in erster Linie aufgrund der äußeren Erwartung, es „zu etwas zu bringen" angestrebt wird, oder ob es ein persönliches Anliegen ist, Leadership zu leben, eine Führungsaufgabe wahrzunehmen.

Hinter den folgenden Fragen stehen einige Merkmale, die entscheidend dafür sind, ob Sie Führungsaufgaben überwiegend als positive Herausforderung erleben werden, die Ihnen Freude bereiten, oder ob Sie bei Führungsthemen stark gegen Ihr eigenes Naturell arbeiten müssen. Arbeiten Sie die folgende Checkliste durch: Je mehr Fragen Sie positiv „abhaken“ können, desto wahrscheinlicher ist, dass Sie sich relativ einfach in eine Führungsrolle einfinden können.

- Kann ich selbst in sehr belastenden Situationen (Stress) ruhig und gelassen bleiben?
- Gelingt es mir zu, Kommilitonen ein gutes persönliches Verhältnis aufzubauen?
- Komme ich mit Menschen mit unterschiedlichen Eigenschaften zurecht?
- Gelingt es mir ohne großen Aufwand, andere in Gruppensituationen zu überzeugen?
- Habe ich Freude am Umgang mit Menschen?
- Bin ich ein guter Zuhörer, Ratgeber?
- Wenn ich eine Entscheidung treffe, fällt es mir dann leicht, auch zu Fehlentscheidungen zu stehen?
- Kann ich mich für Sachthemen begeistern?
- Kann ich andere mit dieser Begeisterung anstecken?
- Wenn andere mich angreifen, gelingt es mir, Ruhe zu bewahren und die Situation zu drehen?
- Schreiben andere in Gruppen mir eine Moderatorenrolle zu?
- Schaffe ich es, mich in die Lage meiner Gesprächspartner hineinzuversetzen und ein Gespräch zu planen und zu kontrollieren?
- Gelingt es mir, andere zu überzeugen?

- Habe ich Freude und Erfolg, wenn ich auf andere Menschen zugehe?
- Interessiere ich mich für andere Menschen?
- Schenken mir andere Menschen ihr Vertrauen?
- Habe ich Freude und Erfolg bei öffentlichem Auftreten?
- Kenne ich meine Persönlichkeitsmerkmale?
- Kenne ich meine Stärken und Schwächen?
- Stehe ich zu meinem Wort?

Welche Situationen suche ich?

Als einfaches Mittel der Selbsteinschätzung kann man auch die Verhaltensanalyse nutzen. Suche ich im Leben Situationen und Aufgaben, bei denen ich eine typische Führungsrolle einnehme(n) (muss) oder suche ich eher die Rolle des individualistischen Experten?

Wenn man bereits einige Erfahrungen mit Führungsthemen sammeln konnte, stellt sich häufig die Frage, wie leicht einem die typischen Führungsthemen fallen. Hier lohnt es sich, auch vor der Festlegung eines persönlichen Karriereziels über das Empfinden bei der Ausübung von Führungsrollen nachzudenken und den einen oder anderen Selbsttest zur Analyse der eigenen Stärken und Schwächen durchzuführen.

Ein Test, der gerade für Studierende und junge Führungskräfte aufschlussreich sein kann, da er die tieferliegenden Talente zum Gegenstand hat, ist das von Buckingham und Clifton publizierte Verfahren[1], das auf mehr als 1 Mio. Inter-

---

[1] Buckingham/Clifton 2007 fortlaufende Auflagen

views des Gallup-Instituts basiert. Befragt wurden Führungskräfte und „normale" Mitarbeiter/innen. Daraus entstand ein Modell, das 34 Talente (Leistungsorientierung, Tatkraft, Strategie etc.) zum Gegenstand hat. Wer sich auf dieser Basis mit sich selbst und auch mit anderen auseinandersetzt, kann wesentlich einfacher einschätzen, welche Situationen, Aufgaben und Karrierepfade die passenden sind.

1.4 Was kann ich jetzt schon tun?

Häufig kommt von Studierenden die Frage, was sie denn im Studium schon in Angriff nehmen können, um später nicht nur die Option auf eine Führungslaufbahn zu haben. Dazu muss man sich darüber im Klaren sein, dass es keine Garantie auf eine Karriere als Führungskraft gibt. Oft spielt das Glück des Tüchtigen eine entscheidende Rolle, wenn es darum geht, zur richtigen Zeit am richtigen Ort zu sein und dabei den richtigen Menschen positiv aufzufallen. Dennoch gibt es ein paar Dinge, die Ihre Chancen verbessern können:

- Bringen Sie Leistung im Studium: Gute Noten in allen Fächern erleichtern den Einstieg in die Endrunde der Personalauswahl.
- Studieren Sie relevante Themen: praxisorientierte Studienthemen mit Bezug zu Berufsbildern.
- Arbeiten Sie: Sammeln Sie Praxiserfahrung während des Studiums in der gewünschten Branche (vorlesungsfreie Zeit und/oder Nebenjob).
- Schauen Sie nach links und rechts: Engagement neben dem Studium.
- Suchen Sie die Mitarbeit in studentischen Initiativen (vom AStA bis zur studentischen Unternehmensberatung).

- Gewöhnen Sie sich gutes Benehmen an, ein Verhalten, das über Jahre gelernt ist und zu einer altersangemessenen „Parkettsicherheit" führt.
- Sammeln Sie Erfahrung in Führungsaufgaben (Studium, Hobby, Bürgerinitiative, Förderverein etc.).
- Arbeiten Sie an Ihrer Person in Bezug auf Ausgeglichenheit und Selbstwertgefühl (die Sicherheit, selbst etwas wert zu sein, ohne sich nur auf die Rückmeldungen anderer oder auf momentane Leistungen zu verlassen).

Zusammenfassung

- *Sowohl das Fach- als auch das Managementstudium eignen sich für den Karriereweg als Führungskraft.*
- *Beachten Sie, dass bei der Kombination beider Wege das Fachstudium zuerst kommt.*
- *Erhalten Sie sich die Option auf eine Führungskarriere, indem Sie schon während des Studiums etwas dafür tun.*
- *Prüfen Sie immer wieder Ihre Eignung und Neigung (Wollen Sie diesen Weg gehen? Passt er zu Ihnen?)*
- *Führungskräfte benötigen eine ausgeglichene und zentrierte Persönlichkeit. Achten Sie darauf, dass Sie sich nicht nur Ihren Karriereplänen widmen.*

2 Kann ich wirklich einmal Chef/in sein?

„Der beste Chef wird von den Mitarbeitern kaum wahrgenommen. Nicht besonders gut ist es, wenn man ihm unterwürfig gehorcht oder ihn mit Überschwang begrüßt. Schlecht ist es, wenn man ihn verabscheut. Von einem guten Chef, der wirkungsvoll arbeitet, wird man nach vollbrachter Arbeit und erreichten Zielen sagen: Das haben wir ohne ihn geschafft!"

Laotse

Zentrale Ziele dieses Kapitels

- Hilfestellung geben bei der Antwort auf die Frage, ob ich für eine Führungsaufgabe geeignet bin
- die unterschiedlichen Rollen als Chef/in kennenlernen
- den Umgang mit Macht verstehen lernen
- die Anforderungen durch eine dynamische Umwelt verstehen (Change-Prinzip)

Schlagworte

- Flexibilität, Teamfähigkeit, Konfliktfähigkeit, Kommunikationsfähigkeit
- Macht, Autorität, Verantwortung, Vertrauen
- Change Management

2.1 Bin ich ein Cheftyp?

Eine Führungsaufgabe bedeutet nicht nur Verantwortung und Einfluss zu bekommen, sondern wird im Wesentlichen auch von einem Rollenverständnis geprägt. In der Rolle als Führungskraft handelt man anders als in der Rolle als Privatperson oder in der Kollegenrolle. In der Rolle als Kollegin/Kollege hat man normalerweise zu den Kollegen, die einem sympathischer sind, intensiveren Kontakt. Als Führungskraft muss man sich aber auch um die Belange der Mitarbeiter/innen kümmern, die einem nicht so nahestehen. Die Rollenschwerpunkte sind situativ und von den jeweiligen Rahmenbedingungen abhängig.

Die Schwerpunkte von Führungsrollen können grob nach der folgenden Liste eingeteilt werden:

- Leader
- Manager/in
- Fachkraft
- Mitarbeiter/in
- Repräsentant/in
- Vorbild

Die Schwierigkeit liegt im Besonderen darin, dass man als Führungskraft häufig mehrere Rollen gleichzeitig wahrnehmen muss und es kaum jemanden gibt, der alle Rollen gleichermaßen gut ausfüllen kann. In die Rolle muss sich eine Führungskraft erst einfinden und versuchen, den Aufgaben gerecht zu werden.

Führen macht einsam – das muss aber nicht unbedingt sein. Die neue Situation in der Führungsverantwortung ist auch diesbezüglich nicht ganz einfach. Es ist plötzlich nicht mehr selbstverständlich, jeden Tag mit den Kolleg/innen über alltägliche Dinge zu sprechen oder mit den Mitarbeiter/innen regelmäßig die Mittagspause zu verbringen. Führungskräfte sollten sich mit dieser Situation zu ihrem eigenen Vorteil arrangieren. Führungskräfte, die eine zu große, nahezu distanzlose Nähe zu ihren Mitarbeiter/innen pflegen, untergraben auf Dauer ihre eigene Autorität und tun sich in Situationen, in denen sie sich durchsetzen müssen, schwer. Allerdings ist das andere Extrem genauso schädlich. Wenn Vorgesetzte aus Angst, sie könnten die Autorität verlieren, eine zu große Distanz zu ihren Mitarbeiter/innen aufbauen, kann leicht der Eindruck entstehen, dass die Chefin/der Chef gar nichts mit den Mitarbeitern zu tun haben möchte. Dieser Eindruck manifestiert sich schnell in den Köpfen der Mitarbeiter/innen und ist nur schwer wieder zu ändern. Zu wenig Interesse an den Mitarbeiter/innen und deren persönlichen Belangen führt dazu, dass sich Mitarbeiter/innen nicht ernst genommen fühlen und damit das Vertrauensverhältnis zwischen Mitarbeiter/innen und Vorgesetzten gestört wird.

2.2 Analyse der eigenen Fähigkeiten

Zahlreiche Untersuchungen und Studien haben sich mit der Frage beschäftigt, welche besonderen Fähigkeiten Führungskräfte haben müssen, um erfolgreich sein zu können. Bislang gibt es zwar keine zwingenden kausalen Verbindungen zwischen Eigenschaften und Führungserfolg, dennoch gibt es Fähigkeiten, die bei erfolgreichen Führungskräften häufiger vorkommen.

Stogdill[2] kommt in seinen Ergebnissen zu dem Schluss, dass viele unterschiedliche Eigenschaften identifiziert werden konnten, die Führungskräfte auszeich-

---

[2] Ralph M. Stogdill erstellte bereits 1948 eine Übersichtsarbeit, basierend auf 124 Studien zu Eigenschaften erfolgreicher Führungskräfte.

nen: Intelligenz, ein starkes Verantwortungsbewusstsein, Ausdauer, Tatkraft, konsequente Aufgaben- und Zielorientierung, Anpassungsfähigkeit, Selbstvertrauen, hohe Frustrationstoleranz sowie die Fähigkeit, andere zu lenken.

Wichtig ist es vor allem, die eigenen Fähigkeiten und Stärken, aber auch die Themen, die einem nicht so liegen, zu kennen. Diese Fähigkeiten kann man in sieben Hauptkategorien zusammenfassen:

- Flexibilität

  Wie reagieren Sie auf plötzlich veränderte Situationen? Wie offen sind Sie gegenüber neuen Dingen? Wie schnell können Sie Entscheidungen treffen und wie gut Pläne ändern?

- Kommunikationsfähigkeit

  Wie gut können Sie mit anderen Menschen umgehen und mit ihnen kommunizieren? Wie gehen Sie mit Menschen um, die andere Erfahrungen als Sie gemacht haben? Wie teilen Sie Ihre Meinung mit? Wie klar und deutlich formulieren Sie Ihre Anliegen?

- Teamfähigkeit

  Wie gut sind Sie im Team? Wie erfolgreich setzen Sie gemeinsame Pläne um? Wissen Sie, für was Sie im Team zuständig sind und was Ihre Rolle in der Gruppe ist? Was bedeutet es, mit Ihnen zusammen zu arbeiten? Können Sie gemeinsame Spielregeln aufstellen?

- Kritikfähigkeit

  Wie gehen Sie mit Konflikten und Kritik um? Wie gut können Sie sich etwas sagen lassen? Wie schnell erkennen Sie Probleme und stellen sich einem Konflikt? Wie sehr sind Sie bereit, über sich selbst und Ihr Verhalten nachzudenken?

- Führungsfähigkeit

  Wie gut können Sie andere Menschen anleiten? Sind Ihre Entscheidungen nachvollziehbar? Unterstützen Sie andere darin, Verantwortung zu übernehmen? Vertrauen Sie anderen und trauen Sie ihnen etwas zu?

- Organisationsfähigkeit

  Wie viele Dinge können Sie gleichzeitig erledigen? Wie viel Zeit verwenden Sie darauf, etwas zu suchen, was Sie nicht wiederfinden? Machen Sie das Wichtigste zuerst? Haben Sie ein festes Konzept für Ihr Tagesgeschäft? Wissen Sie, wo Sie noch Zeit sparen können?

- Motivationsfähigkeit

  Wer sagt Ihnen, was Sie tun und lassen können? Können Sie sich selbst Ziele stecken? Fühlen Sie sich tatkräftig und haben Spaß an Ihren Aufgaben? Wie viel trauen andere Ihnen zu? Fällt es Ihnen leicht, sich für etwas zu begeistern?

Erwartungen haben meist etwas mit der Betrachtung aus einem unterschiedlichen Blickwinkel auf eine Situation zu tun, weniger mit persönlichen Fähigkeiten. Wenn eine Person aus einer Mitarbeiterposition in eine Führungsposition wechselt, so ändern sich auch die Erwartungen, die sich in Hoffnungen, Wünschen, Ängsten, Befürchtungen, aber auch Sichtweisen manifestieren. Neben den eigenen Erwartungen sind vor allem Erwartungen von Mitarbeiter/innen an die Vorgesetzten von großer Bedeutung, denn hier wird die Basis für Vertrauen, Gefolgschaft und Loyalität gelegt. Dies ist eine Wechselwirkung zwischen den Erwartungen von außen und dem Verhalten der Führungskraft, ein dynamischer Prozess des gegenseitigen Lernens und der gegenseitigen Beeinflussung. Für eine neue Führungskraft ist es demnach wichtig, die Erwartungen, die seitens der Mitarbeiter/innen formuliert werden, zu kennen, aber auch eine eigene Position zu entwickeln. Mitarbeiter/innen erwarten klare Vorgaben, welchen Weg das Unternehmen in Zukunft beschreiten will und welchen Beitrag der Einzelne auf diesem Weg leisten soll.

Erstellen Sie ein eigenes Kompetenzprofil für sich auf der Basis der sieben genannten Hauptkategorien. Nehmen Sie, nachdem Sie den Kompetenzen die aus Ihrer Sicht relevanten Themen zugeordnet haben, eine Einstufung Ihrer vorhandenen Kenntnisse/Fähigkeiten vor. Wo sind Sie besonders gut? Wo haben Sie Ihrer Meinung nach noch Verbesserungspotential?

2.3 Umgang mit Macht und Autorität

Bei Seminaren mit Studierenden oder Führungskräften zeigt sich, dass vor allem in Deutschland der Begriff der „Macht" nach wie vor höchst umstritten ist und teilweise sehr starke Emotionen hervorruft. Entsprechend unpopulär ist es auch, wenn einzelne Seminarteilnehmer sich dazu bekennen, dass sie durchaus an Macht interessiert sind. Diese emotionale Diskussion lässt sich meist dadurch etwas beruhigen, dass man der Frage nachgeht, was denn Macht im Unternehmen bedeutet und auszeichnet.

Macht im Unternehmen ist die Möglichkeit, bestimmte Entscheidungen zu treffen, Maßnahmen durchzuführen und damit die Chance zu erhalten, etwas zu gestalten und zu verändern. Im Kontext der Führungsarbeit wollen wir Macht als eine Potenzial- und Energiegröße definieren. Allerdings gibt es Macht nicht ohne Verantwortung. Macht ohne Verantwortung ist gefährlich, wie man aus der Historie weiß; Verantwortung ohne Macht hingegen ist ebenfalls verfehlt und nicht zielführend.

Wer Führungsarbeit leisten möchte, muss ein klares Verhältnis zum Thema Macht entwickeln. Macht darf niemals missbraucht werden, aber man darf sich an dieser Stelle auch nicht vor der Ausübung und Übernahme von Macht und Verantwortung drücken.

Entwickeln Sie ein positives Verhältnis zu Macht und betrachten Sie Macht als eine wichtige Potenzial- und Energiegröße und damit als eine wichtige Variable Ihrer Führungsarbeit.

Nachfolgend beschreiben wir ein paar wichtige Zusammenhänge zum Thema „Macht".

Macht bleibt nicht liegen!

Vor allem junge Führungskräfte scheuen sich oft, Macht zu übernehmen. Tritt dieser Fall ein, entsteht ein instabiler Zustand, da kurzzeitig ein „Machtvakuum" entsteht. Dieser Zustand wird von der Organisation schnell stabilisiert, indem irgendjemand die Macht an sich zieht. Im unternehmerischen Kontext wird dann oft entweder die übergeordnete Führungsebene, ein Leitungskollege auf derselben Hierarchiestufe oder ein Mitarbeiter sich dieses Vakuums „annehmen" und die Macht übernehmen.

Macht kann formelle und informelle Quellen haben

Bei der formalen Übertragung von Macht (z.B. Übertragung von Funktionsmacht bei der Ernennung eines Abteilungsleiters) kann von Seiten der Unternehmensorganisation auf eine Ausgewogenheit zwischen Macht und Verantwortung geachtet werden. Im oben skizzierten Fall, in dem Macht nicht ausgeübt wird und beispielsweise an die Mitarbeiterebene übergeht, wird dies schon schwieriger. Man kann einen solchen Schritt beim Laissez-faire-Führungsstil bewusst herbeiführen, dann ist auch eine formale Weitergabe von Macht auf die Mitarbeiterebene inklusive eines erheblichen Verantwortungsanteils geregelt. Ist dies jedoch kein gesteuerter und bewusster Prozess, wird es schwierig, die Balance zu halten. Informelle Machtquellen wie etwa Kontakte und Beziehungen zu Schlüsselpersonen sind da weit weniger transparent und daher immer wieder kritisch zu hinterfragen.

Um in der Ausübung von Macht akzeptiert zu werden, ist es notwendig, zwischen den unterschiedlichen Machtquellen zu differenzieren:

- Funktionsmacht

  Funktionsmacht ist im Regelfall der Einstieg in die Ausübung von Macht durch die Ernennung oder Beförderung in eine bestimmte Leitungsposition.

- Belohnungs- und Bestrafungsmacht

  Die Verfügung über Belohnung oder Bestrafung von Kollegen ist Ausdruck einer Funktionsmacht, wenn sie neben den sachlichen und inhaltlichen Zuständigkeiten als Fachvorgesetzter auch eine Rolle als Führungsvorgesetzter beinhaltet. Zur Ausübung einer typischen Vorgesetztenmacht ist es dann erforderlich, dass zumindest eine Einflussnahme auf Belohnung oder Bestrafung (in der Regel Prämienzahlungen, Beförderungschancen o. ä.) an den Gruppenerfolg und damit die Einschätzung durch die Gruppenleiter gekoppelt ist. Aber auch die typischen disziplinarischen Maßnahmen gehören zu dieser Form der Macht.

- Expertenmacht

  Fachwissen führt dazu, dass eine Abhängigkeit der Arbeitsumgebung entsteht. Wenn beispielsweise Fachleute als Schlüsselpersonen in einem Team eingesetzt werden, ist häufig allen Beteiligten klar, dass ohne deren Beitrag der Erfolg in Frage gestellt werden muss. Entsprechend muss hier darauf geachtet werden, dass diese Personen ausreichend in das Gesamtteam eingebunden sind.

- Informationsmacht

  Der Besitz von Informationen ist ein zentrales Machtinstrument, insbesondere dann, wenn die Informationen sehr früh verfügbar sind. Daher ist es für das Management wichtig, im Rahmen eines Informations- und Wissensmanagements für eine breite Informationsverteilung zu sorgen. Damit können unerwünschte Machtzentren mit schwer steuerbarer Eigendynamik vermieden und die Arbeit kann aufgrund der stets verfügbaren Information effizient organisiert werden. Auch im Sinne eines Wissensmanagements ist die Informationsorganisation in Abteilungen und Projekten wichtig. Kundeninformationen sollten beispielsweise nicht als individuelles Herrschaftswissen mit dem Ausscheiden von Schlüsselfiguren das Unternehmen verlassen können.

- Geliehene Macht

  Die Nähe zu Entscheidern und Schlüsselfiguren im Unternehmen führt auch zu einer Machtposition, die in vielen Fällen nicht an die formelle Organisationsstruktur gekoppelt ist. Hier ist darauf zu achten, dass dieser Aspekt nicht von unteren Führungsebenen instrumentalisiert wird, indem in durchsichtiger Weise die Nähe zu Führungszirkeln gesucht wird. Dies ist im Regelfall dem Unternehmens- und Führungsklima abträglich.

Weitere Aspekte, die nicht direkt Macht demonstrieren, aber zur Autorität einer Führungskraft beitragen, sind:

Auftreten

Gerade das Auftreten gegenüber Mitarbeiter/innen unter Kolleg/innen oder in der Öffentlichkeit ist ein Faktor der Souveränität und trägt damit zur positiven Wahrnehmung der eigenen Person bei.

Kompetenz

Fachkompetenz im Sinne des Fachwissens, aber auch Entscheidungskompetenz im Sinne des Erkennens der relevanten Frage- und Problemstellungen und der Fähigkeit, Entscheidungen mit zu prägen, beeinflussen die Autorität ebenfalls. In diesem Zusammenhang ist es für Ressortleiter auch wichtig, ihre eigenen Kompetenzgrenzen zu kennen und auch transparent zu machen.

Glaubwürdigkeit

Die Übereinstimmung von Werten innerhalb der Gruppe und die deutliche Verteidigung dieser Werte nach außen sind ein zentraler Bestandteil der Machtausübung und gleichzeitig eine Quelle dieser Macht. Dies setzt auch eine im Sinne der eigenen Persönlichkeit glaubwürdige Haltung von Führungskräften voraus.

Im Gegensatz zur Macht ist Autorität nichts, was man von heute auf morgen erlangen kann. Gerade die Funktionsmacht ist zum Beispiel schnell zu verleihen oder auch wieder zu entziehen. Autorität gleicht eher einem Konto, welches die Führungskraft im Umgang mit den Mitarbeiter/innen positiv oder negativ beeinflussen kann. Autorität ist an dieser Stelle auch eine Form der Anerkennung seitens der Mitarbeiter/innen.

Damit Macht nicht außer Kontrolle gerät und die „Fähigkeit etwas zu verändern" nicht Fehlentwicklungen begünstigt, bedarf es einerseits der Selbstkontrolle der Führenden im Rahmen der Führungsethik, andererseits auch der Kontrolle durch die Organisation. Es geht um ein Gleichgewicht von Macht und Verantwortung.

__Beispiel__ aus der Seminar- und Beratungspraxis:

In einem Unternehmen mit einem sehr autoritären Führungsstil hat der Inhaber sehr schnell den Mitarbeiter/innen durch die Erteilung von Abmahnungen seine Machtposition demonstriert. Allerdings sind die Abmahnungen mehrfach aus formalen Gründen von Arbeitsgerichten als ungültig erklärt worden. Das Ergebnis war, dass der Inhaber in diesem Unternehmen keine Autorität besaß.

2.4 Change Management – ständiger Begleiter

Wandel, Wechsel, Neuausrichtung, Bewegung, Modifizierung, Reform, Revolution, Wende, Umbruch, Entwicklung, Umstellung, Variation, Neubeginn ..., die Liste der Begriffe für Veränderung ist lang.[3] Veränderungen gehören zum menschlichen Leben. Sie haben als Studierende schon einige Veränderungsprozesse erlebt. Die Abnabelung vom Elternhaus, das Einfinden in eine neue Umgebung, der Umgang mit fremden Menschen, die inhaltliche Auseinandersetzung mit neuen Inhalten. Den Veränderungsprozessen ist allen gemein, dass

---

[3] vgl. Schichtel 2010

man Gewohntes aufgeben und sicheres Terrain verlassen muss. In der Retrospektive, also in der nachträglichen Betrachtung, sind genau diese Veränderungen oft Meilensteine der Entwicklung in unserem eigenen Leben. Durch Veränderungsprozesse entwickeln wir uns weiter, entdecken Neues und erfahren Situationen.

Im beruflichen Umfeld ist Veränderung ebenfalls ein zentrales und immerwährendes Element. Starke Wettbewerber, veränderte Marktbedingungen, neue Technologien sowie individueller werdende Kundenwünsche stellen Organisationen, deren Führungskräfte und Mitarbeiter/innen vor neue, oft durch Unsicherheit geprägte Herausforderungen und Veränderungen. Dabei gibt es Unternehmen, die vom Wandel getrieben werden und ihm deshalb auch ausgesetzt sind; andere Unternehmen betrachten den Wandel als Chance und begegnen ihm vorausschauend und aktiv. Change Management hilft den Unternehmen, mit den Anforderungen des Wandels richtig umzugehen.

In rund vier von fünf Unternehmen werden regelmäßig Change-Projekte durchgeführt. Dabei handelt es sich häufig um operative Projekte wie Verbesserungsinitiativen, Projekte zur Qualitätssteigerung oder Kostensenkungsmaßnahmen, die von den Führungskräften mit durchgeführt, vorbereitet und verantwortet werden müssen. Häufig sind solche Veränderungen durch Veränderungen in den äußeren Umständen initiiert und werden selten zum reinen Selbstzweck durchgeführt. Ein weiteres Merkmal ist allerdings, dass diese äußeren Umstände immer dynamischer werden und dadurch auch die Notwendigkeit zu Veränderungen in immer kürzeren Intervallen auftritt.

Die Unternehmensberatung Cap Gemini[4] hat in einer Studie drei unterschiedliche Ansätze für notwendige Veränderungen herausgearbeitet:

Change for Survival

Bei diesem Ansatz geht es darum, das Überleben des Unternehmens zu sichern, indem beispielsweise die Liquidität gesichert werden muss. Das Unternehmen ist in der Situation einer Unternehmenskrise und die Führungskraft muss ihre Ziele zur Sicherung des Gesamtunternehmens beisteuern, damit evtl. verloren gegangene Freiheitsgrade zurückgewonnen werden können.

Change for Renewal

Hier ist der Ausgangspunkt zunächst in der Neuausrichtung des Unternehmens begründet. Die Organisation muss sich beispielsweise auf eine technologische Innovation einstellen oder eine Übernahme der nächsten Generation in der Unternehmensleitung steht an.

Change for Excellence

Hier besteht das Ziel in der Sicherung eines unternehmerischen Vorteils oder Vorsprungs gegenüber Wettbewerbsunternehmen. Die hervorragende Position muss unbedingt beibehalten werden.

In den Veränderungsprozessen kommen vor allem Führungskräften besonders wichtige Aufgaben zu. Durch ihr Geschick und ihre Fähigkeiten werden Mitarbeiter/innen erst in die Lage versetzt, die Notwendigkeit zur Veränderung überhaupt zu identifizieren und eine Bereitschaft zum Wandel zu schaffen.

---

4 http://www.at.capgemini.com/insights/publikationen/change_managementstudie_2008/

Erfolgreiche Veränderungen sind in der Regel nicht das Werk eines Einzelnen, sondern immer das Resultat einer funktionierenden Gruppenleistung. Jede/r im Team muss deshalb seinen Teil zum übergeordneten Ziel beitragen und seine Rolle akzeptieren. Die Koordination und Führung solcher Teams ist dennoch die zentrale Aufgabe, um auftretende Probleme zu lösen, Entscheidungen zu treffen und diese letztendlich umzusetzen. Die Führungskraft bestimmt die grundsätzliche Richtung, was Widerstände hervorrufen kann. Diese Widerstände sind zunächst einfach nachvollziehbar, denn Menschen sehen in Veränderungen zunächst wenig Positives und erkennen nicht die sich daraus ergebenden Chancen oder Notwendigkeiten. Dies ist, vor allem für das mittlere Management, eine schwierige Aufgabe, da es sich oft zwischen unterschiedlichen Interessenlagern befindet. Die oberen Führungsebenen erwarten sichtbare und verwertbare Ergebnisse in möglichst kurzer Zeit, während die Mitarbeiter/innen Zeit benötigen, um sich mit der neuen Situation vertraut zu machen und Erfahrungen zu sammeln. Die Führungskraft der mittleren Ebene wird selbst wiederum an Kennzahlen gemessen und gerät bei Nichterreichen der Ziele selbst unter Druck und Erklärungsnot. Gerade in solchen Situationen ist das Fingerspitzengefühl der Führungskräfte besonders wichtig und neben dem Einsatz der richtigen Führungswerkzeuge ist das Timing ein wichtiger Baustein zur Durchführung von erfolgreichen Veränderungsprozessen. Ein weiterer zu beachtender Punkt in diesem Zusammenhang ist die Tatsache, dass man als Führungskraft in Veränderungsprozessen häufig auch die unternehmerische Entscheidung repräsentieren muss und diese auch mitzutragen hat. Nicht immer sind die zu treffenden Entscheidungen kongruent zum eigenen Selbstverständnis oder zur eigenen Überzeugung. In diesen Situationen kommen Führungskräfte in innere Konflikte, müssen aber nach außen die Entscheidungen mittragen. Diese Spannung muss man als Führungskraft aushalten können und damit auch über längere Zeiträume zurechtkommen.

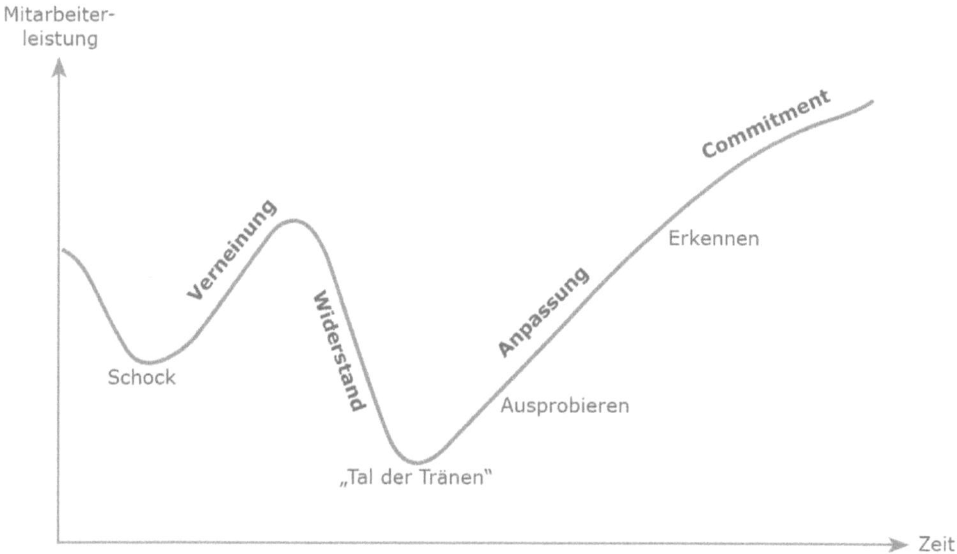

Abb. 3: Phasen von Veränderungsprozessen (Quelle: nach Kübler-Ross)

Häufig sind Führungskräfte gerade mit diesen Situationen überfordert. Nicht selten geht es in Veränderungsprozessen ja um Maßnahmen mit personellen Konsequenzen, die einen nachvollziehbaren Widerstand in der Belegschaft provozieren. Diesen Widerständen begegnen Führungskräfte wiederum häufig mit autoritärem Verhalten, was eine Entfremdung zu den Mitarbeiter/innen bedeutet. Die fehlende Sensibilität sich in die Rolle der Mitarbeiter hineinzuversetzen endet in der maximalen Distanz zu den Mitarbeiter/innen. Ohne die Mitarbeiterinnen und Mitarbeiter kann allerdings keine Veränderung erfolgreich durchgeführt werden. Ein Teufelskreis entsteht, der sich oft auch darin äußert, dass Führungskräfte ein besonderes Arbeitspensum absolvieren. Lange Arbeitstage sind keine Ausnahme. Privatleben und die damit verbundene notwendige Erholung sind erheblich reduziert. Erschöpfung, Schlafstörungen und andere Krankheitsbilder des „Burn-out“ sind die Folge.

Zusammenfassung

- Seien Sie sich Ihrer Talente und Fähigkeiten bewusst: Denn Führungskräfte bringen die notwendigen Eigenschaften für eine Führungsaufgabe in unterschiedlichem Maße mit.
- Gewöhnen Sie sich an Macht und Verantwortung: Eine Führungsaufgabe erfordert einen gesunden Umgang mit Macht, der man die persönliche Verantwortung gegenüberstellen muss.
- Seien Sie offen für Veränderungen: Die permanente Veränderung in den meisten Branchen und Umgebungen führt zu einem ständigen Change-Prozess, der Führungskräfte und Mitarbeiter/innen zusätzlich fordert.

3 Einstieg in den Aufstieg

„Ein Führer ist einer, der die anderen unendlich nötig hat."

Antoine de Saint-Exupéry

Um den Gedanken von Saint-Exupéry in deutliche Worte zu fassen: Eine Führungskraft kann nur dann erfolgreich sein, wenn die eigenen Mitarbeiter/innen erfolgreich sind.

Eine entscheidende Phase für den Erfolg als Führungskraft ist der gelungene Einstieg. Die ersten Tage und Schritte als Führungskraft bieten Ihnen die Chance, einen überzeugenden Kontakt zu den Mitarbeiter/innen aufzubauen. Um hier jedoch erfolgreich zu sein, kommt es nicht nur auf die Persönlichkeit der Führungskraft, sondern auch ganz entscheidend auf die Rahmenbedingungen und die handwerklich richtigen Schritte an. Daher wird in diesem Kapitel anhand zahlreicher Beispiele beschrieben, was dabei zu beachten ist.

Zentrale Ziele dieses Kapitels

- Hilfestellung bei der gezielten Vorbereitung auf eine konkrete Führungsrolle
- die Unterschiede zwischen einem Einstieg von außen und einem internen Aufstieg aus der Kollegenrolle kennen lernen
- den Umgang mit Symbolen bei der „Inthronisation" verstehen lernen
- das Programm für die ersten 100 Tage kennen lernen

Schlagworte

- Amtseinführung, Kollegenrolle, Vorgesetztenrolle
- Führungskommunikation

- Mitarbeiterkommunikation
- Rollenerwartungen

3.1 Vorbereitung auf eine Führungsaufgabe

Bevor die ersten Tage der konkreten Arbeit in der neuen Verantwortung beginnen, besteht die eigentliche Führungsarbeit darin, sich über die Situation im Unternehmen und im eigenen Verantwortungsbereich zu informieren. Dabei können folgende beispielhafte Fragestellungen eine Rolle spielen:

- Welcher Führungsstil wird im Unternehmen propagiert und welcher Führungsstil existierte bislang im betroffenen Bereich?
- Welchen Stil gibt es bei Formalien (z.B. Anrede)?
- Welche Mitarbeiter/innen umfasst der Bereich?
- Wie ist deren Qualifikation und Erfahrung?
- Gibt es besondere Erwartungshaltungen und positive oder negative Erfahrungen aus der alten Führungsbeziehung?
- Wer hat sich in Bezug auf die Regelung der Führungsaufgabe eine andere Konstellation gewünscht?
- Welche Führungsinstrumente sind im Unternehmen und im betroffenen Bereich üblich?

In der Praxis helfen Coaching-Angebote in der Vorbereitung zur Übernahme von Führungsaufgaben und als Hilfe in den ersten Wochen und Monaten in der neuen Position.

3.2 Der Aufstieg aus der Teamebene

Die Vorgehensweise in vielen Unternehmen zur Besetzung von frei werdenden oder neu geschaffenen Führungspositionen ist die Rekrutierung aus den eigenen Reihen. Aus Sicht des Unternehmens liegen die Vorteile dieser Art der Personalbeschaffung auf der Hand. Eigene Mitarbeiter/innen kennen das Unternehmen, sind vertraut mit Abläufen und Prozessen und kennen das Produkt und die Branche. Das Unternehmen kennt die Mitarbeiterin/den Mitarbeiter und deren/dessen fachliche Kompetenzen und hat eine Vorstellung über dessen Persönlichkeit. Allerdings birgt diese Form der Rekrutierung von Führungskräftenachwuchs auch einige Risiken, insbesondere für den Beförderten und dessen ehemalige Teamkolleg/innen. Denn gerade der Aufstieg aus der Kollegenebene in die nächste Hierarchiestufe der Organisation stellt besondere Herausforderungen an die Beteiligten. Sowohl das Team als auch die zukünftige Führungskraft sehen sich plötzlich mit einer vollkommen neuen und ungewohnten Situation konfrontiert. Unterschiedliche Erwartungen seitens des Unternehmens und der ehemaligen Teamkolleg/innen können gleich zu Beginn eine Stresssituation hervorrufen. Neid und Missgunst aus der bisherigen Kollegenebene und die fehlende Führungserfahrung der neuen Führungskraft verkomplizieren die Situation.

Häufig sehen sich Studierende mit dieser Problematik konfrontiert. In praxisorientierten Studiengängen ist es nicht unüblich, entweder als Nebenjob, im Praktikum oder in der Phase der Thesis-Erstellung in einschlägigen Unternehmen zu arbeiten. Nicht selten werden gute Absolvent/innen im Anschluss an das Studium direkt in ein Arbeitsverhältnis im Unternehmen übernommen. Aus den bisherigen Werksstudenten werden quasi über Nacht Projektleiter/innen, denen andere Aufgaben aus Sicht des Unternehmens zugewachsen sind. Der Aufstieg aus der Teamebene in die Führungsverantwortung bringt immer eine Änderung der eigenen Rolle im Unternehmen mit sich. Während die Organisation nachvollziehbarerweise davon ausgeht, dass die Führungskraft die Unternehmensziele verfolgt, sich mit diesen Zielen identifiziert und Loyalität gegenüber dem Unternehmen zeigt, erwarten die bisherigen Teamkolleg/innen eine/n kollegialen Chef/in, die/der die Bedürfnisse der Gruppe kennt, versteht und sich in diesem Sinne einsetzt. Außerdem erwarten sie Anerkennung, Respekt und den Schutz der Gruppe unter Berücksichtigung des Gruppenklimas.[5] Im Falle des Kaminaufstiegs, also der Beförderung innerhalb des Unternehmens, kommen noch persönliche Erwartungen einzelner Teamkolleg/innen hinzu.

Ihre Aufgabe als Führungskraft, die aus der Kollegenrolle in diese Position gekommen ist, besteht darin, sehr früh zu kommunizieren, dass Sie nicht alle Erwartungen der ehemaligen Teamkolleg/innen erfüllen können und auch nicht wollen. Dies betrifft vor allem die Erwartungen und Wünsche, die im Konflikt mit den unternehmerischen Zielen stehen oder ihre Loyalität zum Unternehmen in Frage stellen würden. Gerade diese Phase ist eine anstrengende Situation für die neue Führungskraft: der zu vollziehende Rollenwechsel. Viele neu ernannte Führungskräfte wollen die guten Beziehungen zu den ehemaligen Kolleg/innen aufrechterhalten und vor allem niemanden vor den Kopf stoßen und suggerieren, dass sich nichts ändert. Je länger dieser Rollenwechsel an Zeit benötigt, desto schwieriger wird es, diese Missverständnisse wieder aus der Welt zu schaffen. Sie müssen als Führungskraft von Anfang an klar machen, dass Sie nun die neue Chefin/der neue Chef sind und Entscheidungen treffen sowie Anweisun-

[5] vgl. Comelli/Rosenstiel 2001

gen erteilen werden. Sie müssen kommunizieren, dass die Rolle der/des Vorgesetzten Vorrang vor der Kollegenebene hat, ohne dass die Distanz zu den Kolleg/innen allerdings unüberwindbar wird. Der Wechsel gelingt am besten, wenn man den Rollenwechsel selbst vollzieht und Abschied von der alten Position nimmt. Das hilft einem selbst, nicht in alte Verhaltensmuster zurückzufallen, die nicht mehr in die neue Rolle passen. Sie müssen als Führungskraft die Rolle der/des formalen Vorgesetzten annehmen, auch wenn dies Widerstände im Team hervorrufen wird.[6] Die innere Distanzierung von der bisherigen Funktion und Position ist wichtig. In der neuen Position gelten neue Regeln und es entstehen neue Bezugssysteme mit veränderten Aufgaben. Diese neue Rolle wird sich anfangs fremd und ungewohnt anfühlen. Allerdings wäre es ein Fehler, wenn man in das alte Rollenmuster verfallen würde.

Im Prinzip muss die Führungskraft einen neuen Beruf erlernen – den einer Managerin/eines Managers. Und gerade bei einem Aufstieg innerhalb der Organisation fällt der Abschied von der bisherigen Rolle besonders schwer, da man gegenüber den bisherigen Kollegen Hemmungen hat, Aufgaben zu delegieren, Ziele zu vereinbaren und Kritik zu äußern. Aufgaben verbleiben oft bei der Führungskraft selbst, die dann durch erhöhten persönlichen Einsatz neben der neuen auch noch die alte Aufgabe mit übernimmt.

Beachten Sie, dass Sie im Falle einer Beförderung oder im Falle einer Festanstellung eine andere Rolle wahrnehmen. Die Aufgaben und Ziele dieser Rolle müssen zeitnah kommuniziert werden, um ein mögliches Konfliktpotenzial von Anfang an minimal zu halten und Enttäuschungen vorzubeugen.

---

[6] vgl. Schreyögg 2010

3.3 Inthronisation von neuen Führungskräften

Inthronisation: Das klingt alles sehr formal und übertrieben. Sie mögen bei dieser Überschrift vielleicht sogar denken, dass Sie das doch gar nicht nötig haben und sich doch auch von allein als Führungskraft durchsetzen können. Aber es geht hier nicht um Kommunikation als egoistische Freude an der neuen Wichtigkeit als Führungskraft, sondern es geht zunächst um die notwendige Voraussetzung, um später wirksam erfolgreiche Führung ausüben zu können.

Haben Sie schon einmal die Amtseinführung eines neuen Pfarrers oder Priesters oder einer Bürgermeisterin erlebt? Können Sie sich vorstellen, dass die Gemeindemitglieder in der kirchlichen oder weltlichen Gemeinde in der Lage sind, den Wechsel in der Führungsstruktur zu registrieren, wenn die neuen Amtsinhaber/innen aufgrund der persönlichen Bescheidenheit darauf verzichten, eine öffentliche Amtseinführung durchzuführen? In den Situationen, in denen es darauf ankommt, eine Gruppe von Menschen davon zu überzeugen, dass ein Mensch in einer neuen Rolle der Gruppe gegenübertritt und diese Gruppe anleitet und nach außen vertritt, sind Symbole von grundsätzlicher Bedeutung.

***Beispiel** aus der Seminar- und Beratungspraxis:*

In einem Unternehmen soll ein Key-Account-Management eingeführt werden. Zunächst erscheint die Logik des Verkaufsleiters logisch und nachvollziehbar, dass die besten Verkäufer in das KAM-Team berufen werden. Einem der Mitarbeiter verspricht der Verkaufsleiter die Teamleitung, ohne die anderen zunächst darüber zu informieren.

Folge: Der neue Teamleiter wird mit einer Reihe von Akzeptanzproblemen konfrontiert.

Führungskommunikation und Symbole

Oswald Neuberger[7] weist in Anlehnung an Watzlawick darauf hin, dass ein Großteil der Kommunikation im Führungsbereich über Symbole gesteuert wird. „Man kann nicht nicht symbolisch führen."[8] Ob man nun bewusst das Büro des Vorgängers umgestaltet, damit es auch äußerlich „das eigene Büro" wird, oder ob man statt einer Differenzierung mit „Du" und „Sie" innerhalb der Anrede gegenüber den Mitarbeiter/innen eine generelle Gleichbehandlung durchsetzt. In solchen Maßnahmen steckt eine Symbolkraft, die von den Mitarbeiter/innen wahrgenommen und interpretiert wird.

Symbolik bei Führungswechseln

Historisch und politisch betrachtet sind die Führungswechsel von Staaten durch Präsidenten oder Könige immer durch eine sehr starke Symbolik geprägt. Die Insignien der Macht einer Führungskraft bestehen nun aber nicht aus Zepter und Reichsapfel. Dennoch sind symbolische Handlungen auch bei Führungskräften erkennbare Aufgaben der internen und externen Kommunikation bei Führungswechseln.

Intern wie extern muss bei einem Führungswechsel klar signalisiert werden, dass die neue Führungskraft von der dafür zuständigen und autorisierten Instanz in das Unternehmen geholt wurde und deren Vertrauen und Unterstützung genießt. Der neue Gruppenleiter sollte auf einer Gruppenleiterbesprechung vorgestellt werden und auch gegenüber den Mitarbeiter/innen sollte in einer eigens dafür einberufenen Runde die Neubesetzung kommuniziert werden. Die neue Geschäftsführerin wird vom Aufsichtsrat den Führungskräften, Mitarbeitern und

---

[7] vgl. Neuberger 2002

[8] Neuberger 2002

der Öffentlichkeit vorgestellt. Nur so kann die formale Übertragung von Funktionsmacht auch symbolisch dargestellt werden.

Handlung	inhaltliche Deutung
Umgestaltung des Büros	inhaltlicher Umbruch und Aufbruch
Anredeform, z.B. einheitliches „Du" oder „Sie"	zunächst: Nähe oder Distanz darüber hinaus: Teamorientierung, Fairness, Gleichbehandlung
neue Besprechung-/Konferenzformen	Formen der Transparenz und Einbindung
Einführung/Abschaffung von Verwaltungsformalien	zunächst: Mehr oder weniger Bürokratie darüber hinaus: Freiheit des Einzelnen/Verlässlichkeit von Abläufen
offene Bürotür	Transparenz, inhaltliche Offenheit, Kommunikationsbereitschaft, Mitarbeiterorientierung
Offenheit in der Informationsweitergabe	Vertrauen in Mitarbeiter/innen, Begegnung auf Augenhöhe
Nicht-Inanspruchnahme von Statussymbolen	Sparsamkeit, Nähe zu Mitarbeiter/innen

Tab. 1: Symbolische Maßnahmen in der Führung

Dabei gibt es eine Reihe unterschiedlicher Erwartungen. Die Mitarbeiter/innen sind bei Veränderungen der Organisationsstruktur – und hierzu gehören auch

Führungswechsel – verunsichert, da sie nicht abschätzen können, was dies für sie, ihren Arbeitsalltag und ihr Leben für Konsequenzen haben wird. Die externen Zielgruppen (Kapitalgeber, Kunden, Lieferanten etc.) möchten ebenfalls die sich verändernden Faktoren abschätzen können.

Der beispielhafte Ablauf der Vorstellung der neuen Führungskraft durch die/den nächsthöheren Vorgesetzte/n kann wie folgt aussehen:

Geschäftsführer/in bzw. Vorgesetzte/r:

- Begrüßung
- Begründung des anstehenden Führungswechsels
- gemeinsame Vision und Ziele erläutern
- die neue Führungskraft als Person vorstellen und einführen

Neue Führungskraft:

- Vertrauen zu Mitarbeiter/innen aufbauen, indem auf bisherige Erfolge Bezug genommen wird
- die neuen gemeinsamen Ziele vorstellen und evtl. Meilensteine nennen, bis wann Teilziele erreicht sein wollen
- Offenheit und Kommunikationsbereitschaft signalisieren

Abschluss:

- in der Abschlussbemerkung noch einmal die guten Zusammenarbeit zwischen der neuen Führungskraft und der Vorgesetztenebene unterstreichen
- Einsatz eines Symbols: langer Händedruck oder Übergabe eines Steuerrads o.ä.

Zur Information der externen (Fach-)Öffentlichkeit muss ggf. mit einer Pressemeldung/einer Pressekonferenz die neuberufene Führungskraft der Öffentlichkeit vorgestellt werden. Neben der reinen Information kann dies einen Imagegewinn und generelle Verbesserung der Situation des Unternehmens bewirken.

Als Paradebeispiel für einen Führungswechsel mit missglückter Kommunikation kann die Ablösung von Josef Ackermann bei der Deutschen Bank im Frühjahr 2012 dienen.

Oftmals steht hinter einem Führungswechsel auch eine Veränderung der Unternehmensausrichtung an. Wenn nun mit dem Führungswechsel ein Strategiewechsel verbunden ist, dann muss dies auch im Zuge der Öffentlichkeitsarbeit intern und extern kommuniziert werden. Diese Darstellung der eigenen Unternehmensvision ist auch eine der zentralen Aufgaben der neuen Führung in der Phase des Führungseinstiegs.

Checkliste: Kommunikation des Führungswechsels

- ☐ Klärung der Organisationsstruktur und Zuständigkeit
- ☐ gezielter Einsatz von Symbolen bei den nachfolgenden Schritten
- ☐ Vorgesetzte/r stellt die Führungskraft den Mitarbeiter/innen vor
- ☐ Veröffentlichung der neuen Position und der Besetzung in den geeigneten Medien (regionale Tageszeitung, Branchendienste, Fachpublikationen, ...)
- ☐ Information besonderer Partner (z.B. Kunden, Lieferanten, Kapitalgeber, ...)

3.4 Die Aufgaben der ersten Tage

Zu den ersten Aufgaben in der neuen Position gehört es, die Mitarbeiter/innen möglichst bald kennenzulernen und herauszufinden, wie kompetent und motiviert sie sind. Stellen Sie fest, wie die Aufgaben in der Organisation und im Team bislang verteilt waren und wer in der täglichen Arbeit für welche Aufgaben verantwortlich war und deren Erledigung übernommen hat. Identifizieren Sie möglichst schnell Schwachstellen und legen Sie fest, um was Sie sich als Führungskraft kümmern werden. Gleich zu Beginn sollten Sie ein gemeinsames Gespräch mit Ihrem Team führen, welches zum Ziel hat, die gegenseitigen Wünsche, Erwartungen und Befürchtungen zu formulieren und den Mitarbeiter/innen zu sagen, was Ihnen für die gemeinsame Zusammenarbeit wichtig ist. Weitere Themen für die ersten Gespräche ist die Verständigung über gemeinsame Ziele und das Aufzeigen von Perspektiven für die zukünftige Zusammenarbeit.

In den früh zu führenden Einzelgesprächen sollte ein gemeinsames Verständnis über die Aufgaben der Mitarbeiterin/des Mitarbeiters, ihre/seine Einstellung und ihre/seine Motivation geführt werden.

Der Einstieg gelingt umso besser, je schneller und besser Sie den richtigen Draht zu den Mitarbeiter/innen finden. Das erreichen Sie, indem Sie herausfinden, was den Mitarbeiter/innen wichtig ist, indem Sie in Erfahrung bringen, worüber sie reden oder womit sie sich beschäftigen.

Achten Sie allerdings darauf, dass Sie Einschätzungen von Mitarbeiter/innen nicht zu früh kommentieren und neue Situationen einseitig beurteilen. Ihr Interesse an den Mitarbeiter/innen sollte auf keinen Fall als Anbiederung verstanden werden. Oft nutzen auch bestimmte Mitarbeiter/innen die Chance, sich bei neuen Führungskräften in besonderer Weise zu positionieren. Deshalb sollten Sie sich vor „Opfern", „Rettern" oder „Verfolgern" schützen und deren Aussagen kritisch hinterfragen.

Es geht aber auch darum, die eigene Unsicherheit zu überwinden und einen möglichst positiven Eindruck bei allen relevanten Zielgruppen (Mitarbeiter/innen, Chef/in, Kunden etc.) zu hinterlassen, um den Boden für die künftige Beziehung zu bereiten. Dabei muss zunächst einmal klar gesehen werden, dass eine gewisse Unsicherheit normal ist. Für jede neue Führungskraft ist die Führungsaufgabe neu und für viele ist selbst das Unternehmen oder der detaillierte Arbeits- und Produktbereich neu. Gleichzeitig steht Ihnen eine qualifizierte, aber in vielen Fällen auch konstruktiv kritische Mitarbeiterschaft gegenüber, die sich gerade beim Wechsel von einer/einem beliebten und kompetenten Chef/in sehr genau fragt, was die/der neue Chef/in denn nun bringt. Darüber hinaus muss die fachliche Einarbeitung stattfinden, damit neben der Beziehungsebene zu Mitarbeiter/innen, Vorgesetzten und Kollegen auch der Boden für die Sachebene bereitet wird.

Maßnahmen zur Mitarbeiterkommunikation

Nach der Vorstellungsrunde durch die/den Vorgesetzte/n (siehe Abschnitt 3.3.2) gibt es eine Reihe von Maßnahmen, mit denen auf formeller und informeller Ebene die Kommunikation mit den Mitarbeiter/innen aufgebaut und verstärkt wird.

Ein wichtiges Element ist der Einstand. Für Führungskräfte, die neu in der Unternehmensumgebung sind, ist es wichtig, die Gepflogenheiten zu erfahren. Findet ein Einstand während der Arbeitszeit oder am Abend statt, welche Erwartungshaltung besteht hier bei Mitarbeiter/innen, Kolleg/innen und Vorgesetzten?

Parallel zu diesem eher informellen Part kommt dann die erste Abteilungsbesprechung und in diesem Zusammenhang die erste Ansprache der direkten Mitarbeiter/innen. Oftmals spricht man hier in der Beratung von der „Antrittsrede". Die Mitarbeiter/innen wollen wissen, mit wem sie es künftig zu tun haben und was die/der neue Chef/in kann und ihnen bringt.

Checkliste erste Ansprache an die Mitarbeiter/innen

Inhalte der ersten Ansprache an die Mitarbeiter/innen

- ☐ **Werdegang aus persönlicher Sicht**
- ☐ Ausbildung, Studium, dabei gesammelte Erfahrungen
- ☐ bisherige Stationen im Arbeitsleben
- ☐ persönlicher Werdegang (regionale Abstammung etc.)
- ☐ **persönliche Situation**
- ☐ familiäre Situation, Stellenwert Work-Life-Balance
- ☐ Hobbys und besondere Interessen
- ☐ persönliche Motivation für die neue Aufgabe
- ☐ **Qualifikation für die neue Aufgabe**
- ☐ fachliche Vorerfahrung (auch Lücken)
- ☐ Führungserfahrung
- ☐ persönliche Netzwerke und Verbindungen
- ☐ **Ziele bei der neuen Aufgabe**

- ☐ Führungsverständnis und Führungsstil
- ☐ anstehende inhaltliche Veränderungen (hier sollte man zu frühe Festlegungen vermeiden)
- ☐ Bezugnahme auf bisherige Zielsetzungen und Arbeitsorganisation (Kontinuität, Veränderung etc.)
- ☐ Zusammenarbeit mit den Mitarbeiter/innen
- ☐ Wie soll der Führungsstil konkret umgesetzt werden? (Mitarbeitergespräche etc.)
- ☐ Erwartungshaltung bspw. bei Eigenverantwortung
- ☐ Haltung zum Prozess der Entscheidungsfindung
- ☐ Wie soll die gegenseitige Unterstützung von Mitarbeiter/innen, Kolleg/innen, Führungskräften aussehen?

Form der ersten Ansprache an die Mitarbeiter/innen

- ☐ keine philosophisch-abstrakten Betrachtungen, sondern konkrete Aussagen
- ☐ authentische Darstellung mit Ich-Botschaften
- ☐ persönlicher Blickwinkel dominiert und verbindet die einzelnen Bereiche
- ☐ kurze, knappe und klare Formulierung
- ☐ Nutzung einiger weniger kräftiger Bilder
- ☐ verbindende Metapher, die auf Teile der Persönlichkeit Bezug nimmt (gemeinsames Schiff bei einem Segler, Teamgedanken und -begriff-

lichkeiten bei einem Fußballer etc.)

- ☐ Die Ansprache sollte im Regelfall persönlich erfolgen, schriftliche Rundschreiben (z.B. bei Vorstandswechsel im Großunternehmen) haben stets das Problem, dass sie (bewusst) fehlinterpretiert werden können.

Allgemeine Kommunikation beim Einstieg

- ☐ ausreichend Zeit für Smalltalk einplanen
- ☐ Lernen der Namen der Mitarbeiter/innen
- ☐ informelle Regeln kennenlernen: Wer geht wann mit wem wohin zum Mittagessen?

Weitere Kommunikationsmaßnahmen in Richtung Mitarbeiter/innen

- ☐ Einzelgespräche mit Mitarbeiter/innen zur Beseitigung von Unsicherheiten, Klärung von unterschiedlichen Erwartungen
- ☐ Kick-Off-Meeting als gemeinsamer Workshop zum Kennenlernen und Klärung der Erwartungen, Ziele

Mitarbeiterrollen in der Einarbeitungsphase

Nicht nur die Führungskraft hat ein Interesse an der Positionierung eines Rollenverständnisses. Auch die Mitarbeiter/innen versuchen, sich in „Position" zu bringen. Dabei unterscheiden sich die Mitarbeiterrollen, je nachdem, ob eine Führungskraft von außen kommt oder vielleicht sogar aus dem eigenen Team. Besonders einer jungen Führungskraft direkt nach dem Studium trauen die Mitarbeiterinnen vielleicht weniger zu. Führungsneulingen gibt man auch gerne den einen oder anderen Rat. Dabei gibt es einige klassische Situationen, die man kennen sollte, um das Geschehen besser einordnen zu können:

- Die Beraterin/Der Berater

  Dieser Mitarbeitertypus kommt bei fast allen Führungswechseln vor. Es ist meist ein/e ältere/r Mitarbeiter/in, die/der bereits seit Längerem im Unternehmen verwurzelt ist und mit mütter- oder väterlichen Beschützerinstinkt versucht, der neuen Führungskraft die Einarbeitung zu erleichtern, indem sie/er die Zusammenhänge der formellen und informellen Organisation erklärt. Der Beratertypus kann wichtig sein, um an Informationen darüber zu kommen, was sich hinter den Kulissen abspielt. Gleichzeitig ist es jedoch hier entscheidend, die Distanz zu wahren.

- Die/Der Konkurrent/in

  Bei fast jeder Übernahme einer Führungsaufgabe gibt es jemanden, die/der sich ebenfalls hätte vorstellen können, diese Rolle zu übernehmen. Vom heimlichen Wunsch bis zur offenen konkurrierenden Bewerbung kann hier alles dabei sein. Für die neue Führungskraft ist es wichtig, hier gegebenenfalls die Informationen von Seiten der Personalabteilung bzw. Geschäftsführung über die Konkurrenzbeziehung zu erhalten. Wenn man weiß, wer die/der Konkurrent/in ist, kann im Zweifel zu Beginn schon ein Vier-Augen-Gespräch sinnvoll sein, um eine Rollenklärung herbeizuführen.

- Die frühere Vertraute/der frühere Kumpel

  Beim internen Aufstieg innerhalb derselben Abteilung spielt diese Person häufig eine wichtige Rolle. Ziel der Führungskraft ist die Bewahrung der bisherigen Kontakte bei gleichzeitiger Veränderung des beruflichen Umgangs. Die bisherige Offenheit und Vertrautheit kann im beruflichen Sinne nur noch mit den Einschränkungen gelten, bei denen die Gleichbehandlung der übrigen Mitarbeiter/innen oder die Vertraulichkeit von Informationen nicht entgegenstehen. Dies wird im Regelfall zu einer „Entfremdung" führen. Besonders problematisch ist es, wenn die Freunde und Kollegen von früher sich darauf konzentrieren, Vorteile aus dieser Nähe zur neuen Führungskraft zu ziehen und eine „Sonderrolle" beanspruchen.

Fachliche Einarbeitung und Einarbeitungsplan

Ein erster Schritt beim Start in die neue Führungsverantwortung ist eine grobe Umfeldanalyse, bei der geklärt wird, welche Anspruchsgruppen denn mit welchen Erwartungen einem gegenübertreten (werden). Hier geht es um bereits behandelte Rollenerwartungen von Mitarbeiter/innen, Kolleg/innen, Vorgesetzten und die Bezugsgruppen des privaten Umfelds (Freunde, Familie, Partner/in etc.).

- Einarbeitung in den Kreis der Führungskräfte

  Hier geht es um die Aufgaben, die von einer Führungskraft generell im Unternehmen erwartet werden. Meist gibt es standardisierte Berichte und verpflichtende Meetings, die eine formale inhaltliche Bedeutung und einen informellen Stellenwert haben, den man zunächst kennenlernen muss, um seine Arbeit und seine Wochen- und Tagespläne strukturieren zu können.

- Aufgaben und Verantwortung

  Der inhaltliche Aufgabenbereich wurde bereits formal beschrieben, jetzt geht es darum, die Stichworte der eher abstrakten Vorklärung auch mit Inhalten zu füllen. Häufig helfen Mindmaps oder Listen, in denen man zum Einstieg die Aufgaben und Themenfelder strukturiert. Hierbei muss abgeklärt werden, ob es sich um zentrale Aufgaben der Führungskraft handelt oder aber die Vorgesetzten- oder Mitarbeiterebene tangiert.

- Übergabe von der Vorgängerin/vom Vorgänger

  Für eine gute Einarbeitung ist die Übergabe durch den vorherigen Stelleninhaber von großer Bedeutung. Jedoch gibt es Konstellationen, in denen nichts erreicht werden kann, wenn keine freiwillige Trennung stattgefunden hat oder der Vorgänger krank oder verstorben ist. In diesen Fällen kann man über das Umfeld (von der/m Vorgesetzten bis zur Sekretärin) Informationen über Aufgaben, Arbeits- und Führungsstil einholen.

- Erarbeitung des neuen Arbeitsbereichs

  Selbst dann, wenn die neue Führungskraft bereits eine ähnliche Funktion im Unternehmen oder eine gleichartige Funktion in einem anderen Unternehmen innehatte, muss es jedem klar sein, dass ein Jobwechsel auch in diesen „eher harmlosen" Fällen eine Einarbeitung nach sich zieht.

- Die Arbeitsmittel

  Ein Arbeitsplatz mit einer passenden Ausstattung ist das, was neue Mitarbeiter mit und ohne Führungsfunktion erwarten können. Dazu gehören auch die Hard- und Softwareausstattung vom Rechner mit der entsprechenden Software bis zum Organizer, Handy und ähnlichen Gerätschaften. Wichtig ist für neue Führungskräfte, möglichst rasch eine vollständige und arbeitsfähige Gesamtausstattung zu erhalten.

- Das Sekretariat/die Assistenz

  Nicht immer ist eine Führungsaufgabe mit Sekretariats- und oder Assistenzstellen verbunden, aber häufig werden die Führungskräfte in Unternehmen in ihrer Arbeit durch Mitarbeiter/innen unterstützt, die ihnen gezielt zuarbeiten. Diese Beziehung ist fachlich wesentlich intensiver als die meisten übrigen Führungsbeziehungen zu den Mitarbeiter/innen und sie ist auch ein persönliches Vertrauensverhältnis. Es ist sogar oft so, dass Chef/in und Sekretärin oder Assistenz als Tandem den Arbeitsbereich/das Unternehmen wechseln. Neue Führungskräfte müssen daher sensibel in dieser Situation agieren, damit auf der Sach- und auf der Beziehungsebene eine positive, stabile Situation entstehen kann.

3.5 Rollenerwartungen an die neue Führung

Wer in eine neue Führungsverantwortung startet, muss sich zunächst einmal darüber klar werden, dass eine ganze Reihe von neuen Rollenerwartungen auf einen zukommen, mit denen sich jede Führungskraft auseinandersetzen muss. Da ist zunächst einmal die höhere Aufmerksamkeit, die dem eigenen Handeln entgegengebracht wird. Besonders diejenigen, die aus der Kollegenebene in die Vorgesetztenrolle wechseln, sind immer wieder überrascht, welch großen Stellenwert Dinge bekommen, die sie bislang in genau derselben Weise erledigt haben, damals aber eben noch in der Rolle des normalen Kollegen und Mitarbeiters. Hier zeigt sich dann, dass es zum einen eine erhöhte Aufmerksamkeit und zum andern auch eine veränderte Rollenerwartung gibt, der man sich als Führungskraft gegenübersieht.

Die Vorgesetztenrolle

Führungskräfte nehmen gegenüber den einzelnen Mitarbeiter/innen sowie gegenüber dem gesamten Team (der gesamten Abteilung etc.) eine Rolle als Chef/in ein. Welche Rollenerwartungen bestehen hier?

- **Erwartungen der einzelnen Mitarbeiter/innen**

  Mitarbeiter/innen erwarten von einer Führungskraft nicht nur ein nahezu vorbildliches Verhalten, sondern sie erwarten vor allem individuelle Aufmerksamkeit. Die/der neue Chef/in soll die eigenen Leistungen anerkennen und durch seine konstruktive Kritik und die Funktionsmacht die eigene Arbeit befördern und unterstützen. Letztlich geht es darum, mit Hilfe der neuen Chefin/des neuen Chefs als Mitarbeiter/in erfolgreich zu sein. Dies setzt aus Sicht der einzelnen Mitarbeiterin/des einzelnen Mitarbeiters eine Reihe von Einzelaspekten voraus:

- positive Bewertung des eigenen Aufgabenbereichs (Aufgabe der/des Mitarbeiter/in/s ist wertvoll für das Team)
- ausreichende Bereitstellung von Ressourcen (z.B. auch Hard- und Software)
- gute Karriereperspektiven für die Mitarbeiter/innen
- wertschätzender Umgang der Chefin/des Chefs mit der Mitarbeiterin/dem Mitarbeiter
- gutes Standing der Mitarbeiter/innen beim neuen Chef (dies darf aus der individuellen Perspektive des einzelnen Mitarbeiters gerne in eine geringe Bevorzugung der eigenen Person im Vergleich zu Kolleg/innen münden; für das Team als Ganzes wünscht man sich jedoch einen gerechten Umgang)
- klare Ziele für das eigene Tun
- Vertrauen und Verlässlichkeit

- **Erwartungen des Teams als Ganzes**

  Die Mitarbeiter/innen haben nicht nur individuelle Erwartungshaltungen (Was bedeutet die neue Chefin/der neue Chef für mich, meine Arbeit, mein persönliches Leben?), sondern auch Teams, Abteilungen oder gar Unternehmen haben als Gesamtheit Erwartungen gegenüber einer/einem (neuen) Chef/in. Diese Rollenerwartung betrifft die Stellung des eigenen Teams im Gesamtgefüge des Unternehmens genauso wie die interne Struktur und den internen Umgang im Team.
- Gerechtigkeit bei den internen Beurteilungen und Entscheidungen innerhalb des Teams
- klare Zielsetzungen für das Team
- sinnvolle Gliederung des Teamziels in Einzelziele
- gutes Teamklima (ggf. Verbesserung des Klimas im Vergleich zum Vorgänger)
- Steigerung des Stellenwerts des Teams im gesamten Unternehmen (hier sind gute Kontakte und ein gutes Netzwerk des neuen Chefs für das Team von großer Bedeutung)
- Vertrauenswürdigkeit und Integrität der Führungskräfte

Die Kollegenrolle

Eine wichtige Aufgabe bei der Einarbeitung einer neuen Führungskraft ist die Integration in das Führungsteam auf der jeweils gleichen hierarchischen Ebene. Eine Störung bei der Einfindung der neuen Chefin/des neuen Chefs in die Kollegenrolle des Führungsteams kann trotz erfolgreicher Aufnahme der Führungsbeziehung zu den Mitarbeiter/innen zu einem existenziellen Problem werden, so dass man diesem Thema eine hohe Priorität beimessen muss. Dabei sind im Besonderen nachfolgende Punkte wichtig:

- Gute Kooperation ist die vordringliche Erwartungshaltung an den neuen Führungskollegen.
- Offener Informationsaustausch ist hierfür eine wichtige Voraussetzung.
- Handeln im Sinne einer ressortübergreifenden gemeinsamen Verantwortung (Die/der Neue sollte nicht nur seine individuellen Ziele für seinen Bereich im Blick haben)
- Zurückhaltung bei Veränderungen, die den eigenen Bereich überschreiten (Die/der Neue soll den Kolleg/innen nicht das Gefühl geben, dass sie/er in ihre Bereiche „hineinregieren" möchte)
- Besondere Berücksichtigung der ungeschriebenen Gesetze und Rangfolgen (Dies kann der höhere Stellenwert eines Bereichs aufgrund des großen Umsatzes, der hohen Zahl an Mitarbeitern, der langjährigen Erfahrung des dort aktiven Chefs etc. sein.)
- Zuverlässigkeit bei den Zusagen gegenüber den Führungskollegen und der Leitungsebene

Die Führungskraft als Mitarbeiter

Auch eine neue Führungskraft ist in der Regel nach wie vor als Mitarbeiter einer Führungskraft zugeordnet, die bestimmte Erwartungshaltungen und Rollenzuschreibungen gegenüber ihrer Führungskraft implizit oder explizit formuliert.

- Loyalität: Die neue Führungskraft soll sich – so die Erwartungshaltung – unbedingt loyal gegenüber ihren Vorgesetzten verhalten. Dazu gehört nicht nur die Verteidigung von Entscheidungen, die „von oben" kommen, sondern auch eine persönliche Integrität, die beispielsweise auch „das Sägen am Stuhl des Vorgesetzten" ausschließt.

- Erfüllung des Auftrags, der im Gegenzug allerdings klar formuliert werden muss. Neben der eigentlichen Führungsaufgabe geht es hier meist um weitere Elemente, so dass man der neuen Führungskraft durchaus mitteilen muss, ob sie geholt wurde, um „neuen Schwung" in den Bereich zu bringen, oder ob es darum geht, einen Bereich zu stabilisieren und zu konsolidieren.
- Der eigentliche „Sachauftrag" muss ebenfalls klar definiert sein (inklusive dem Kompetenzbereich), so dass die Erwartungshaltung der Auftragserfüllung realistisch ist.
- Eine gängige Erwartung gegenüber der neuen Führungskraft ist die des raschen Erfolgs, der dazu führt, dass der Vorgesetzte auch erfolgreich sein kann.

Neben den Erwartungshaltungen des direkten Vorgesetzten ist bei der Erwartung gegenüber der Führungskraft als Mitarbeiter auch die Erwartung der Unternehmensführung (z.B. des Vorstands) zu berücksichtigen.

Zusammenfassung

- *Bereiten Sie sich gründlich auf die Führungsaufgabe vor.*
- *Stellen Sie sicher, dass Sie als Führungskraft angemessen eingeführt werden und nutzen Sie die Macht von Symbolen bei Ihren ersten Handlungen.*
- *Klären Sie die unterschiedlichen Erwartungshaltungen von Ihren Vorgesetzten und den Teammitgliedern (Mitarbeiter/innen).*
- *Nehmen Sie direkten und strukturierten Kontakt zu Ihren Mitarbeiter/innen auf.*

4 Was ein/e Manager/in organisiert

„Organisation ist ein Mittel, die Kräfte des einzelnen zu vervielfältigen."

Peter F. Drucker

Zentrale Ziele dieses Kapitels

- einen Überblick über die Prinzipien und Aufgabenstellungen der Unternehmensorganisation erhalten
- konkrete Maßnahmen zur Erreichung von Führungszielen kennenlernen
- den Einfluss der Organisation auf Teamleistung und Führungsklima verstehen lernen

Schlagworte

- Aufbau- und Ablauforganisation
- Instanzen, Stab, Linie
- Einlinien- vs. Mehrliniensystem
- Zielvereinbarungen
- Job-Enlargement, Job-Enrichment, Job-Rotation
- Crowdsourcing

Die Organisationswissenschaft ist eine angewandte Sozialwissenschaft, die sich damit befasst, wie man Gruppen in unterschiedlichen Kontexten mit Hilfe von Organisationsinstrumenten bei der Erreichung ihrer Ziele unterstützen kann. Wir wollen weniger auf die Organisationsbereiche Aufbau- und Ablauforganisation fokussieren, sondern nach einem kurzen Überblick auf mögliche Gestaltungsfelder der Organisation eingehen.

Aufbauorganisation

Unter Aufbauorganisation versteht man den formalen Aufbau eines Unternehmens, bei dem man die Funktionsträger derart aufeinander abstimmen soll, dass eine möglichst konfliktarme Wahrnehmung der Aufgaben möglich wird. Da es die für die Struktur des Unternehmens grundlegende Organisationsform ist, nennt man sie auch Strukturorganisation. Das im Arbeitsalltag typische Instrument, mit dem die Aufbauorganisation dargestellt wird, ist das so genannte Organigramm (s.u.). In ihm werden die hierarchische Anordnung der einzelnen Stellen, die Befugnisse der Leitungsstellen (Instanzen), die hierarchische Abhängigkeit und der Informations- und Kommunikationsfluss im Sinne der formellen Organisationsstruktur festgelegt. In der Praxis zeigt sich, dass für den Erfolg oder Misserfolg vieler Führungskräfte und letztlich auch den Gesamterfolg der Unternehmen die gewählte Organisationsstruktur eine entscheidende Rolle spielt.

In vielen Branchen hat sich bei zahlreichen Unternehmen zunächst eine Gliederung des Unternehmens nach dem „funktionalen" Prinzip durchgesetzt. Das bedeutet, dass sich die oberste Gliederungsebene des Unternehmens anhand der „Verrichtung", d. h. der auszuführenden Tätigkeiten, orientiert und somit funktionsbezogene Fachabteilungen entstehen.

Weitere Formen der Aufbauorganisation sind beispielsweise divisionale Organisationsstrukturen, die nach Produktgruppen (Profitcenter) oder beispielsweise Regionen organisiert sind.

Da in vielen Unternehmen heute auch projektbezogen gearbeitet wird, findet man häufig die so genannte Matrix-Organisation. Die Besonderheit hier ist, dass neben der fachlichen Führungskraft meist auch eine Projektleitungsebene existiert. Diese Form ist natürlich nur erfolgreich, wenn sich Fachvorgesetzte/r und Projektleiter/in oder Produktmanager/in umfassend abstimmen und offen kommunizieren, da ansonsten Mitarbeiter/innen leicht zwischen die Stühle geraten, weil sie quasi „Diener zweier Herren“ sind.

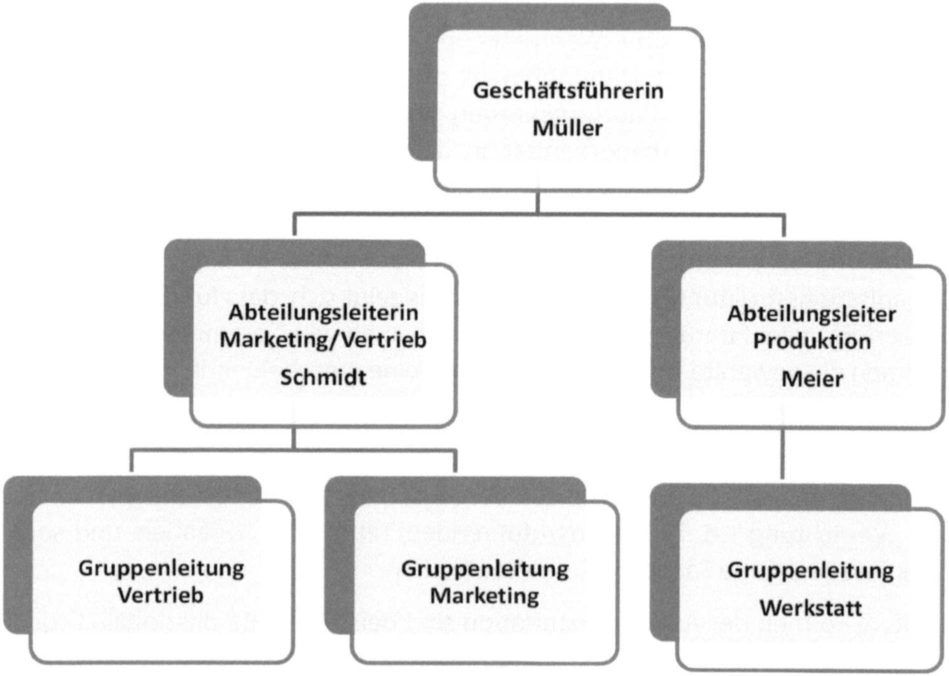

Abb. 4: Funktionale Gliederung (Einlinienprinzip)

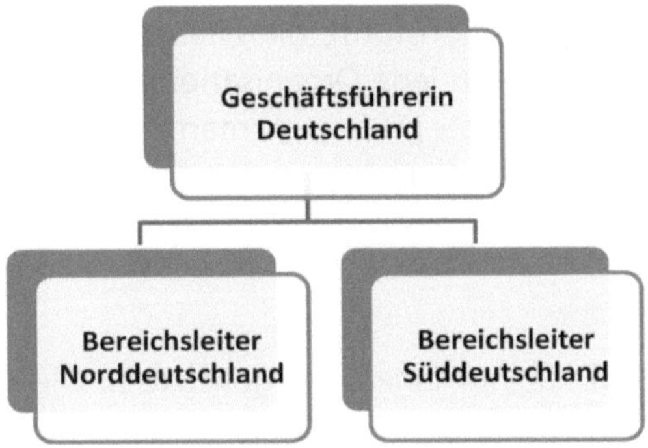

Abb. 5: Divisionale Gliederung nach Regionen (Einlinienprinzip)

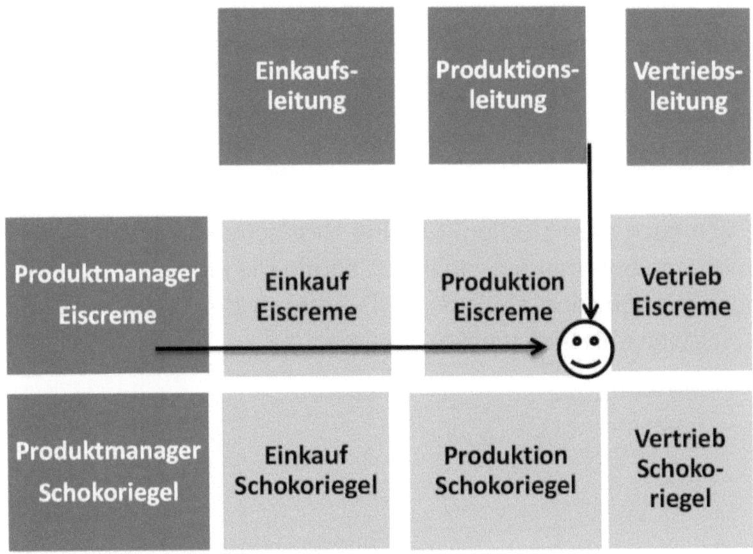

Abb. 6: Matrix-Organisation (Mehrlinienprinzip)

Es gibt keine ideale Organisationsform, die allen Anforderungen eines Unternehmens gerecht wird, sondern jede Organisationsform besitzt Vor- und Nachteile. Führungskräfte sollten stets prüfen, ob man in der vorherrschenden Organisationskultur erfolgreich arbeiten kann.

Einlinienprinzip

Jede/r Mitarbeiter/in hat nur eine/n Vorgesetzte/n. Die Abteilungen sind funktional nach Verrichtung (z.B. Anzeigen, Vertrieb, Redaktion) oder divisional (nach Produkten, Regionen etc.) gegliedert.

Mehrlinienprinzip

Es gibt nicht nur eine/n Vorgesetzte/n pro Mitarbeiter/in. Beispiel: Matrixorganisation.

Linien/Stab

Wenn Sie sich nach dem Studium für eine klassische Karriere in einem etablierten Unternehmen entscheiden, stellt sich häufig die Frage: Möchte ich eine Karriere in der Linie (Einstieg als Expertin/Experte in der Fachabteilung) oder im Stab (beispielsweise als Assistent/in) beginnen.

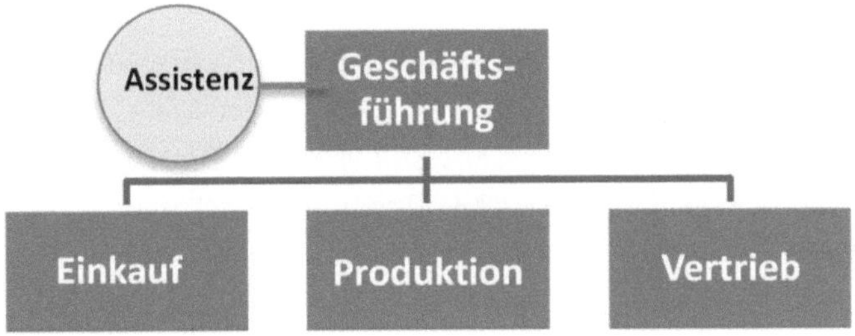

Abb. 7: Assistenz als Stabsfunktion

Ablauforganisation

Die Ablauforganisation ist die so genannte Prozessorganisation und beschreibt den Ablauf der einzelnen Arbeitsschritte, die ein Produkt oder ein Produktionsschritt im Unternehmen durchlaufen muss. Es geht dabei um die zeitliche und örtliche Anordnung der Arbeitsbeziehungen. Ziel ist es, Kosten, Durchlaufzeiten und die Prozessqualität in ein günstiges Verhältnis zu bringen.

Vor allem die Unternehmensart und -größe beeinflussen die Prozesse. Nicht selten sind Prozesse auch vom Einsatz bestimmter IT-Lösungen vorgegeben oder sind Teil eines Qualitätssicherungsprogramms. Übergreifende Prozesse sind deshalb auch für die Führungskraft nur sehr schwer zu beeinflussen, da komplexe Verflechtungen zwischen den eigenen und angrenzenden Arbeitsgebieten bestehen.

Was kann eine Führungskraft innerhalb der organisatorischen festgesetzten Rahmenbedingungen nun aber direkt beeinflussen?

Lassen Sie sich beim Bewerbungsgespräch auf eine Führungsposition unbedingt ein Organigramm zeigen und lassen Sie sich erklären, wo Ihre Stelle genau angesiedelt sein soll. Prüfen Sie für sich auch kritisch, ob Sie in der bestehenden Organisationsform erfolgreich arbeiten können.

4.1 Arbeit muss nicht gleichförmig sein

Der Inhalt der Arbeit hat elementare Auswirkungen auf die Zufriedenheit der Mitarbeiterin/des Mitarbeiters. Sind die Arbeitsinhalte zu ungenau definiert oder zu einseitig, führt das in letzter Konsequenz entweder zur Überforderung oder zur Monotonie. Die Leistung ist dann in beiden Fällen nicht mehr optimal.[9] Möglichkeiten, die Sie als Führungskraft besitzen, sind beispielsweise die nachfolgenden Maßnahmen:

Job-Enlargement

Die Arbeitsinhalte werden durch das Hinzufügen von neuen, inhaltlich in etwa gleichen Aufgaben erweitert. Für Führungskräfte eignet sich das Job-Enlargement, um Monotonie zu vermeiden. Man muss dabei nur aufpassen, dass man einerseits die Mitarbeiter/innen nicht überfordert und andererseits die Ausweitung der Arbeitsinhalte nicht nur kumulativ betreibt, denn das kann schnell zu einer Arbeitsverdichtung führen. Denken Sie auch daran, dass Mitarbeiter/innen, denen neue Aufgaben übertragen werden, entsprechend qualifiziert werden müssen.

---

[9] vgl. Vahs/Schäfer-Kunz 2007: 375

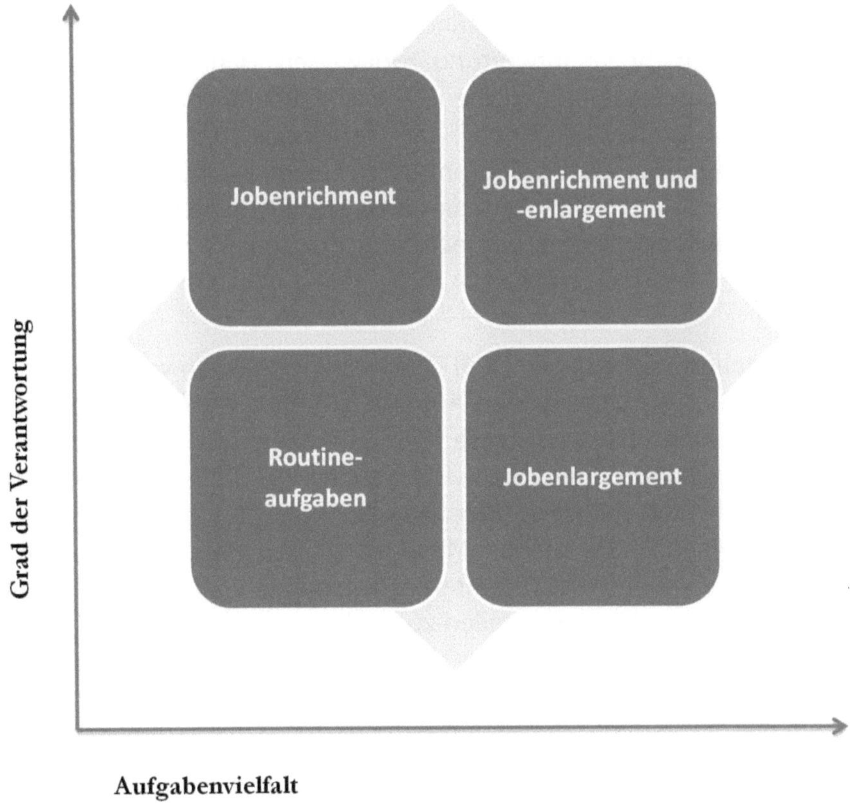

Abb. 8: Job-Enlargement und -Enrichment

Job-Enrichment

Eine weitere Form der Erweiterung von Arbeitsinhalten stellt das so genannte Job-Enrichment dar. Anders als im Job-Enlargement, in dem die Arbeitserweiterung quasi auf derselben Ebene stattfindet, wird den Mitarbeiter/innen im Job-Enrichment auch mehr Verantwortung zugewiesen. Häufig werden den Mitarbeiter/innen neben dem eigentlichen Arbeitsinhalt auch die Planung und Beurteilung bzw. Kontrolle übertragen.[10] Die Einführung von Job-Enrichment erfordert von der Führungskraft einen sehr guten Überblick über die vorhandenen Arbeitsprozesse sowie die Fähigkeit, diese realistisch einzuschätzen. Die Gefahr der Überforderung von Mitarbeiter/innen ist nicht zu unterschätzen.

Job-Rotation

Unter Job-Rotation versteht man den „planmäßigen Stellenwechsel innerhalb des Unternehmens mit veränderten Aufgaben, Kompetenzen und Verantwortung“[11]. Die Führungskraft kann diese Form einsetzen, um drohender Routine entgegenzuwirken und Generalistenwissen aufzubauen, das für Flexibilität bei künftigen Einsatzmöglichkeiten einer Mitarbeiterin/eines Mitarbeiters sorgen kann. Die Problematik dabei ist, dass Mitarbeiter/innen in dieser Form kaum ein Spezialistenwissen in einem bestimmten Arbeitsgebiet erlangen können. Diese Form ist sehr häufig bei Trainee-Stellen zu beobachten, die in einem Unternehmensdurchlauf den Mitarbeiter/innen einen Überblick über unterschiedliche Arbeitsgebiete geben sollen, bevor sie mit einer konkreten Führungsaufgabe betraut werden.

Selbststeuernde Arbeitsgruppen

Zur Führung gehören auch immer die Kontrolle der Zielerreichung, die Steuerung der Arbeitsgruppe und die Übernahme von Verantwortung. In der klassi-

---

[10] vgl. Kolb 2008: 304

[11] Vahs/Schäfer-Kunz 2007: 374

schen Organisation oblag dies immer der Führungskraft. In vielen Tätigkeitsbereichen sind die Arbeiten aber mittlerweile so komplex, dass es einer einzelnen Person oftmals schwerfällt, diese Aufgaben alle zu erfüllen. Gerade bei sehr umfangreichen und anspruchsvollen Tätigkeiten wird heute immer mehr dazu übergegangen, die Steuerung einer Arbeitsgruppe nicht mehr nur der Führungskraft, also Top-down, zu übertragen, sondern die Steuerung innerhalb der Arbeitsgruppe zu platzieren.

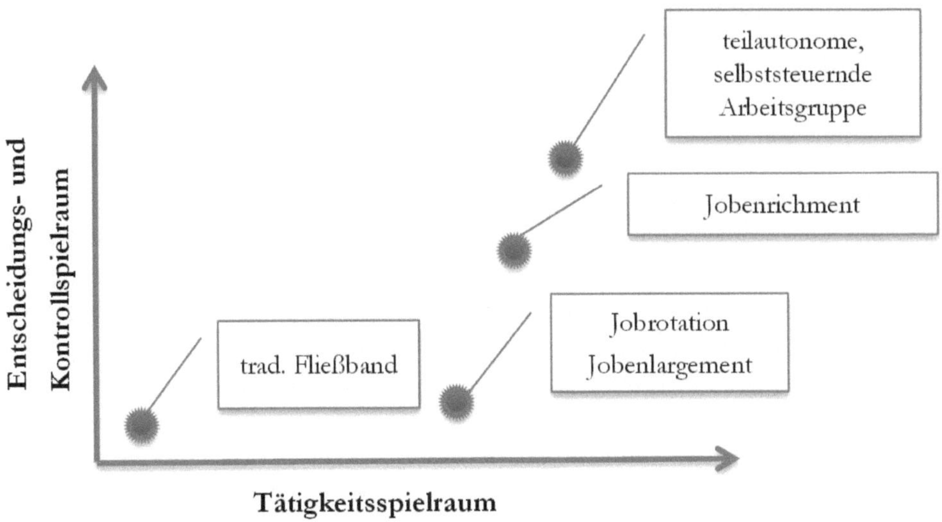

Abb. 9: Erweiterung des Handlungsspielraumes (Quelle: Staehle 1991: 648)

Die Rolle der Führungskraft ändert sich natürlich in dieser Form von der des klassischen Vorgesetzten zum Coach und zur Begleitung, der die Steuerungsverantwortung auf die Arbeitsgruppe[12] übertragen wird. Dahinter steckt die Annahme, dass sich Arbeitsgruppen selbst regulieren und organisieren können, wenn ihnen die Verantwortung übertragen wird. Durch selbststeuernde Arbeitsgruppen wird die eigentliche Zielerreichung in den Vordergrund gestellt, der Weg zum Ziel wird dabei als nicht mehr so wichtig erachtet. Dies setzt allerdings eine klare Zieldefinition, sowie ein hohes Maß an gegenseitigem Vertrauen von Mitarbeiter/innen und Führungskraft voraus. Die Rolle der Führungskraft ist es, die Gruppe zu moderieren und danach zu schauen, dass die Gruppe als Ganzes auch funktioniert und arbeitsfähig ist.

4.2 Gestaltung von Zielvereinbarungen

Die organisatorische Maßnahme der Zielvereinbarung wird auch als „Management by Objectives" (vgl. Kapitel 5.4) bezeichnet und beschreibt ein Konzept, bei dem die Vorgesetzten die Ziele gemeinsam mit ihren Mitarbeiter/innen festlegen. Diese Ziele sind Ableitungen der allgemeinen Unternehmensziele. Die Zielvereinbarung ist im Gegensatz zur Zielvorgabe ein Verhandlungsprozess zwischen Mitarbeiter/in und Führungskraft. Das heißt, Zielvereinbarungen werden im gemeinsamen Dialog erarbeitet und beinhalten neben dem zu erreichenden Ziel im optimalen Falle auch Teilziele und erreichbare Zwischenschritte. Dabei sind Ziele nicht nur messbare Kenngrößen wie Umsätze, sondern können durchaus auch qualitative Aspekte wie den Besuch von Qualifizierungsmaßnahmen oder der Aneignung bestimmter Fähigkeiten beinhalten. Für die Mitarbeiterin/den Mitarbeiter ist die Zielvereinbarung nicht nur eine Orientierung, was die Führungskraft von einem möchte, sondern dient auch als Er-

[12] Arbeitsgruppen sind beispielsweise ein Teil des KAIZEN-Prinzips aus Japan, welches einen Kontinuierlichen Verbesserungsprozess (KVP) unter Einbeziehung aller Mitarbeiter beschreibt.

folgsindikator. Da die Mitarbeiter/innen an der Zielvereinbarung selbst mitwirken, ist dies zudem ein motivierender Faktor.

Wenn Sie als Führungskraft Ziele mit Ihren Mitarbeiter/innen vereinbaren wollen, müssen Sie einerseits über eine große Flexibilität verfügen, um die Ziele an die aktuelle IST-Situation anzupassen. Andererseits müssen Sie für den Prozess der Zielvereinbarung genügend Zeit für die Abstimmungsprozesse und Mitarbeitergespräche einplanen. Der dritte wichtige Punkt ist, dass Sie Ihre Mitarbeiter/innen einschätzen können müssen. Die Ziele sollten herausfordernd, aber machbar sein. Sie als Führungskraft müssen deshalb prüfen, ob die Ziele bezüglich der Arbeitsweise und dem Leistungsvermögen der Mitarbeiterin/des Mitarbeiters erreichbar sind.

4.3 Vorschlagswesen/Crowdsourcing

Das betriebliche Vorschlagswesen befasst sich mit der „Bewertung und Belohnung von Verbesserungsvorschlägen der Mitarbeiter."[13] Gerade in innovativen Unternehmen sind die Ideen und Verbesserungsvorschläge von Mitarbeiter/innen ein wichtiger Erfolgsfaktor. Während bis vor wenigen Jahren das Vorschlagswesen häufig sehr formalisiert organisiert war, nutzen heute immer mehr Unternehmen die Möglichkeiten der modernen Kommunikationsformen, beispielsweise im Intranet, um Ideen zu sammeln und kollaborativ zu entwickeln. Das komplette Themenfeld des Crowdsourcing ist ein aktuelles Beispiel, wie

[13] Olfert/Pischulti 2007: 221

dezentral und standortunabhängig einzelne Teammitglieder an der Entwicklung eines Gesamtziels mitarbeiten können.

Das Crowdsourcing wird das klassische betriebliche Vorschlagswesen wahrscheinlich ablösen. Damit rückt allerdings die Teamleistung in den Vordergrund und die Idee eines Einzelnen wird eher in den Gesamtzusammenhang eingebettet. Als Führungskraft sollten Sie solche kreativen Prozesse zulassen und unterstützen. Im Kontext der modernen Kommunikationsmöglichkeiten innerhalb eines Unternehmens eröffnen sich ganz neue Potenziale. Vermehrt ist auch der Einsatz von Social Software in Unternehmen zur Projektsteuerung und Ideenfindung anzutreffen, man spricht hier von Enterprise 2.0.

Damit Ihre Mitarbeiter die Vorteile von Enterprise 2.0 und Crowdsourcing verstehen, müssen Sie als Führungskraft mit gutem Vorbild vorangehen und die vom Unternehmen zur Verfügung gestellten Werkzeuge auch einsetzen.

4.4 Gestaltung der Arbeitszeiten

Eine weitere Einflussmöglichkeit in der Organisation ist die Gestaltung der Arbeitszeit. Die Gleitzeit ist wohl an dieser Stelle die bekannteste Form, um dem individuellen Arbeitsrhythmus von Mitarbeiter/innen ein wenig entgegenzukommen und gleichzeitig die Leistungsfähigkeit des Unternehmens zu sichern. Aber es existieren mittlerweise sehr viele unterschiedliche Arbeitszeitmodelle, die im Kapitel 10.3.1 unter *Flexible Arbeitszeitenregelung* ausführlicher behandelt werden.

Zusammenfassung

- Analysieren Sie die Möglichkeiten, die durch die aktuelle Organisationsstruktur in Ihrem Führungsbereich vorhanden sind.
- Planen Sie – wenn möglich – eine Anpassung der Organisationsstruktur (Aufbauorganisation) an Ihre Anforderungen.
- Erklären Sie Ihren Mitarbeiter/innen die Situation in Aufbau- und Ablauforganisation.
- Nutzen Sie die Möglichkeiten der Aktivierung (z.B. Job-Enrichment, Job-Rotation).
- Nutzen Sie die Fähigkeiten Ihrer Kolleg/innen und schaffen Sie Strukturen dafür (Crowdsourcing).

5 Wie führe ich andere?

„Ich bin davon überzeugt, dass Menschenführung zu mehr als 50 Prozent über Gewinn und Verlust entscheidet, während Kapital und Produkte nur nachgeordnete Bedeutung haben."

Reinhold Würth

Kaum ein Thema wird bei der Messung von Mitarbeiterzufriedenheit so häufig als Erfolgsfaktor benannt wie der Führungsstil. Er ist für das Arbeitsklima und die Team- und Unternehmenskultur, aber auch für die Wirksamkeit der Führungsarbeit von entscheidender Bedeutung. Damit wird bereits klar, dass der Erfolg der Führungsarbeit sehr eng mit der erfolgreichen Ausgestaltung des Themas „Führungsstil" verbunden ist.

Zentrale Ziele dieses Kapitels

- Führungsstile kennenlernen
- die Abhängigkeit des Führungsstils von unterschiedlichen Faktoren verstehen
- Führungssituationen einschätzen lernen
- den Anwendungsbereich unterschiedlicher Managementkonzepte kennenlernen

Schlagworte

- autoritärer, patriarchalischer, kooperativer Führungsstil
- Laissez-faire und Autonomie
- Management-by-Ansätze
- Reifegrad von Mitarbeiter/innen

5.1 Der „eigene" Führungsstil

Wir haben dieses Kapitel bewusst mit „Der *eigene* Führungsstil" überschrieben, denn ein Führungsstil „von der Stange", das bloße Kopieren erfolgreicher Vorbilder oder das Führen nach Lehrbuch hat sehr schnell den Effekt, dass man bei den Mitarbeiter/innen wenig authentisch ankommt. Ein Führungsstil muss entwickelt werden und muss zur eigenen Person der Führungskraft genauso passen wie der Führungssituation angemessen sein. Damit ist nicht gemeint, dass man Führungsstile unreflektiert und nach Belieben in der Praxis „zusammenbastelt", sondern, dass man sich über Führungsstile informieren muss und dann am Ende der Informationsphase den eigenen Führungsstil entwickeln kann.

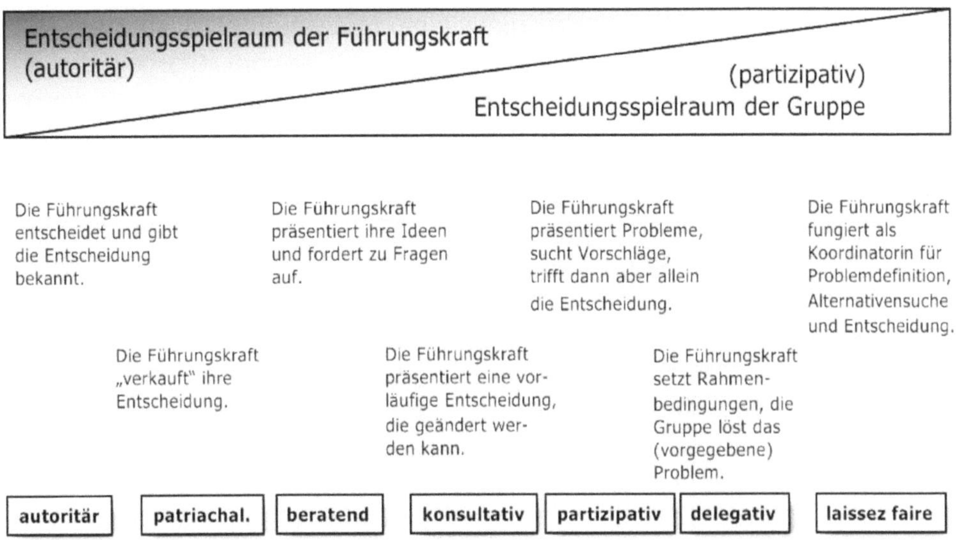

Abb. 10: Überblick eindimensionaler Führungsstile (Quelle: nach Tannenbaum/Schmidt)

Zunächst empfiehlt es sich zur eigenen Orientierung die Führungsstile danach einzuordnen, wie stark die Arbeitsgruppe und die Führungskraft an Entscheidungen beteiligt sind. Das von Tannenbaum und Schmid entwickelte Führungskontinuum reicht hier vom autoritären Führungsstil, bei dem die Führungskraft autonom ohne Rückkopplung mit den Mitarbeiter/innen entscheidet, bis hin zur völligen Autonomie der Gruppe, die dadurch entsteht, dass die Führungskraft sich aus dem eigentlichen Entscheidungsprozess zurückzieht. Im Regelfall ist es der Anspruch einer Führungskraft, eine führende Rolle bei der Entscheidungsfindung einzunehmen. Gleichzeitig sollte das Team mit einbezogen werden. Es geht zum einen darum, das Know-how und die Erfahrung der Mitarbeiter/innen zu nutzen und damit zu einer besseren Entscheidungsqualität zu kommen. Zum anderen muss es das Ziel sein, möglichst viele Mitarbeiter/innen für die Abteilungs- und Unternehmensziele zu motivieren. Motivation setzt aber ein Mindestmaß an Partizipation voraus. Dabei ist es wiederum vom Mitarbeitertyp abhängig, wie viel Einbindung in die Führungsarbeit erwartet wird, um die gemeinsamen Ziele als eigene Ziele zu verinnerlichen.

Bei einem autoritären Führungsstil sowie bei einem absoluten Laissez-faire-Führungsstil zeigt sich bei genauerer Betrachtung, dass kaum Führungsarbeit verrichtet wird. Führungsarbeit ist im Bereich der Mitarbeiterführung dadurch gekennzeichnet, dass man mit den Mitarbeiter/innen im Austausch steht. Autoritäre Führungskräfte holen jedoch vor der Entscheidung nicht einmal die Meinung und Stellungnahme der Mitarbeiter/innen ein, vernachlässigen damit deren Kompetenz. Die eigene Entscheidung wird von der Führungskraft autonom vollzogen. Beim Laissez-faire-Stil ist das Gegenteil der Fall, die Autonomie steht nun auf Seiten der Mitarbeiter/innen, die ihre Entscheidungen selbst treffen. Aber auch bei diesem Maximum an „Demokratie“ im Führungsalltag findet keine Führung im Sinne eines Austauschs zwischen Mitarbeiter/in Führungskraft statt.

Der maximale Austausch zwischen Führungskräften und Mitarbeiter/innen ist bei den kooperativen Führungsstilen zu erkennen. Für die Führungskraft bedeutet dies allerdings den höchsten Kommunikationsaufwand. Die Tagesplanung muss zudem mit maximal 60 Prozent verplanter Zeit dem spontanen Kommunikations- und Problemlösungsbedürfnis der Zielgruppe angepasst werden, um Stressmomente aus dem Führungsalltag zu nehmen.

Selbst in Führungsumgebungen, die eindeutig sehr hohe Entscheidungsspielräume bei den Teams pflegen, wird die Führungssituation verändert und damit auch der Führungsstil angepasst, wenn das Unternehmen in eine Krisensituation kommt bzw. zeitliche Faktoren schnelle Entscheidungen bedingen. Je schneller Entscheidungen getroffen werden müssen, umso autoritärer wird der Führungsstil.

Für jede Führungskraft stellt sich die Frage: Wie stark soll ich mich denn in die Führungsarbeit und damit in die Auseinandersetzung mit den Mitarbeiter/innen begeben? Gerade als junge Führungskraft hat man in der Regel noch eine ganze Reihe an Fachaufgaben, so dass die Führungsarbeit häufig als zusätzliche zeitliche Belastung wahrgenommen wird. Dies sollte jedoch nicht dazu führen, dass man die Mitarbeiterorientierung im Rahmen der Führungsarbeit zurückfährt und sich ausschließlich auf die vertrauteren Fachthemen konzentriert.

Beispiel aus der Seminar- und Beratungspraxis

Bei Führungsstilen gibt es häufig eine Diskrepanz zwischen gelebter und erlebter Führung. Dies hat vor allem mit zwei unterschiedlichen Blickwinkeln zu tun. Die eine Sichtweise ist die, die beschreibt, wie eine Führungskraft gerne wahrgenommen werden möchte. Der andere Blickwinkel entsteht aus der Perspektive der Mitarbeiter/innen und beschreibt, welches Bild der Führungskraft bei den Mitarbeitern entsteht.

Ein Geschäftsführer eines Unternehmens hat von sich selbst immer geglaubt, dass er die Mitarbeiter partizipativ führt und in Entscheidungen einbindet. In der Realität und im Vier-Augen-Gespräch sprach er von seinen Mitarbeitern wenig freundlich. Sie seien faul und wenig unternehmerisch denkend, weshalb er schon glaubte, auch klare Vorgaben machen zu müssen. Die Mitarbeiter erlebten ihren Chef als eine autoritäre Führungskraft, die wenig Raum für freie Entfaltung und Entwicklung von kreativen Lösungen ließ. Das Ergebnis war schon fast eine Self-Fullfilling-Prophecy: Die Mitarbeiter konnten keine Impulse setzen, weil der Geschäftsführer sie autoritär führte – weil die Mitarbeiter nicht die erwarteten Leistungen brachten, glaubte der Chef, besonders restriktive Vorgaben machen zu müssen. Ein Teufelskreis.

5.2 Kooperative und situative Führungsprinzipien

In den meisten Situationen ist ein Führungsstil aus dem Spektrum der kooperativen Führungsstile angemessen. Dabei muss die Führungskraft allerdings nicht nur die eigene Perspektive vor Augen haben, sondern auch den Reifegrad der Mitarbeiter/innen berücksichtigen.

Der Reifegrad einer Mitarbeiterin/eines Mitarbeiters ist sicherlich nicht einfach zu bestimmen und hängt von mehreren Faktoren ab. So spielt dabei einerseits die eigene Sozialisation genauso eine Rolle wie die Führungskultur und tradition des Unternehmens.

Auch einzelne Tätigkeitsgebiete hängen stark mit dem Reifegrad der Mitarbeiter /innen zusammen. Es ist sicherlich leicht nachvollziehbar, dass der Objektleiter einer Reinigungsfirma, die beispielsweise einen Gebäudereinigungsauftrag hat,

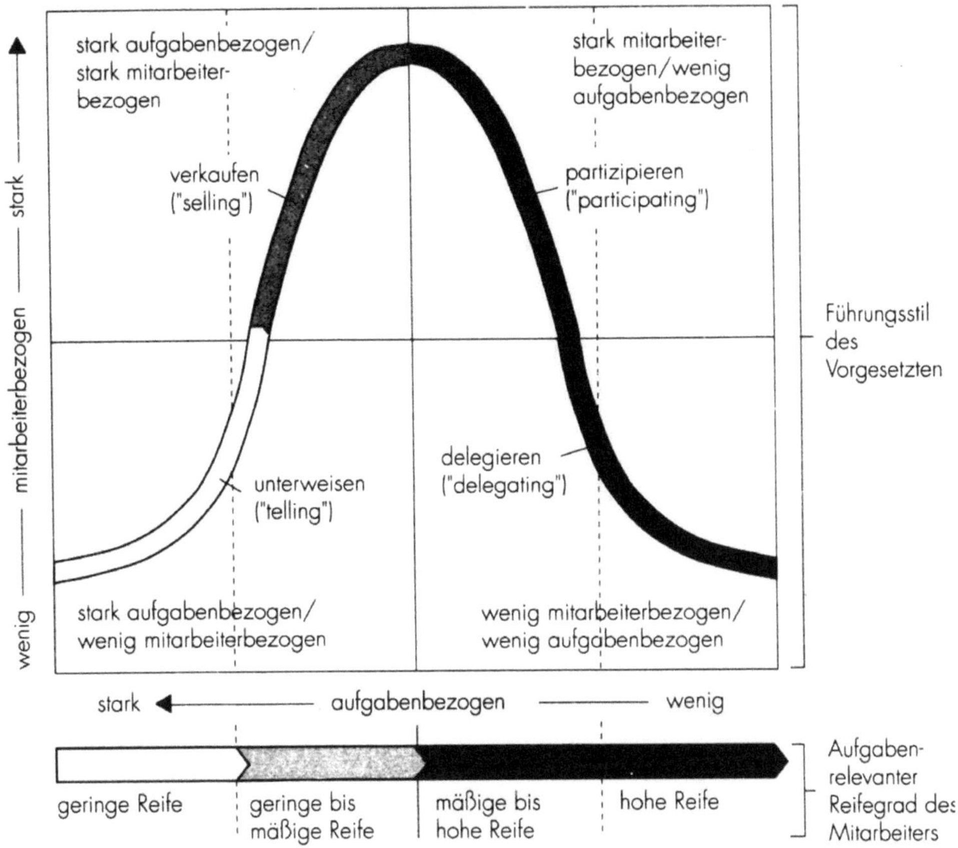

Abb. 11: Reifegradmodell
(Quelle: Wunderer 1993: 188 auf der Basis von: Manager-Magazin 11/78)

einen stark aufgabenbezogenen Führungsstil mit geringer Mitarbeiterbezogenheit haben dürfte. Die Führungsaufgabe liegt in einem solchen Fall stärker im Bereich der Unterweisung und Kontrolle der Reinigungskräfte bei ihren Aufgaben. Dagegen wird die Leiterin eines Teams von Entwicklern eines Hochtechnologieunternehmens eher Aufgaben delegieren können, da die Mitarbeiter/innen sehr selbstständig arbeiten.

Ein situativer Führungsstil ist eine Erweiterung des kooperativen Führungsstils. Situative Führungsstile berücksichtigen die Gesamtsituation der Führung, wie z.B. die individuelle Haltung der Mitarbeiterin/des Mitarbeiters oder die Gesamtsituation der Aufgabenstellung oder des Unternehmens. Dadurch wird deutlich, dass es keinen für alle Vorgesetzten und Situationen passenden Führungsstil geben kann.

Die Elemente kooperativer Führung können nach zwei Hauptdimensionen unterschieden werden:[14]

Partizipative Dimension (Teilhabe)

- Informationsrechte/-pflichten
- Begründungsrechte/-pflichten
- Konsultationsrechte/-pflichten
- Vorschlagsrecht
- Mitentscheidung
- kollegiale Entscheidung
- Vetorecht

[14] vgl. Wunderer 1995: 1378

Prosoziale Dimension (Teilnahme)

- Kommunikation
- Vertrauen und Verständnis
- helfendes, solidarisches Verhalten
- konstruktive Konfliktregelung
- Kompromiss- und Konsensbereitschaft

Gerade als junge Führungskraft ist es wichtig, dass Sie sich intensiv mit der bisherigen Führungskultur auseinandersetzen und dabei versuchen, den Reifegrad Ihrer Mitarbeiter/innen einzuschätzen. Wenn Sie ein Team übernehmen, welches bislang gewohnt war, dass jemand „vordenkt" und die Arbeit zuweist, können Sie nicht davon ausgehen, dass diese Mitarbeiter/innen sofort mit einem kooperativen Führungsstil umzugehen wissen.

- *Holen Sie Ihre Mitarbeiter/innen dort ab, wo sie aufgrund der „Reife" stehen. Geben Sie sich und Ihren Mitarbeiter/innen Zeit, sich aneinander zu gewöhnen.*
- *Kommunizieren Sie immer wieder Ihren angestrebten Führungsstil, damit sich die Mitarbeiter/innen orientieren können.*

5.3 „Wie lief das vor meiner Zeit?"

Ob der gewählte Führungsstil jedoch am Ende tatsächlich eine junge Führungskraft zum Erfolg führt, hängt auch von der Unternehmens- und Führungskultur ab. Als Information für eine junge Führungskraft liegt oft nur die offizielle Rollenbeschreibung vor. Diese ist in Leitbildern, Mission-Statements, Stellenausschreibungen und Stellenbeschreibungen fixiert. Dabei sind jedoch auch im Rahmen der Unternehmenskultur die Bestandteile relevant, die nicht an der Oberfläche sichtbar sind. Hier lohnt es sich, früh die Augen im Betrieb offen zu halten und Informationen einzusammeln, was die eigentlichen Erfolgsfaktoren sind.

Dies sind nach dem Eisberg-Modell von Eppler und Mengis[15] folgende Faktoren:

Formale, beobachtbare Aspekte:

- Kleidung
- Raumgestaltung
- Sprache, Begriffe
- Dokumente
- Vorschriften
- Kommunikationsverhalten
- Titel, Rituale

Informelle, verborgene oder emotionale Aspekte:

- Werte
- Annahmen
- Prioritäten
- Menschenbilder
- Machtkonstellationen

---

[15] vgl. Eppler/Mengis 2011: 139

- Denkweisen
- Moralvorstellungen
- Tabus
- Ängste

5.4 Managementkonzepte

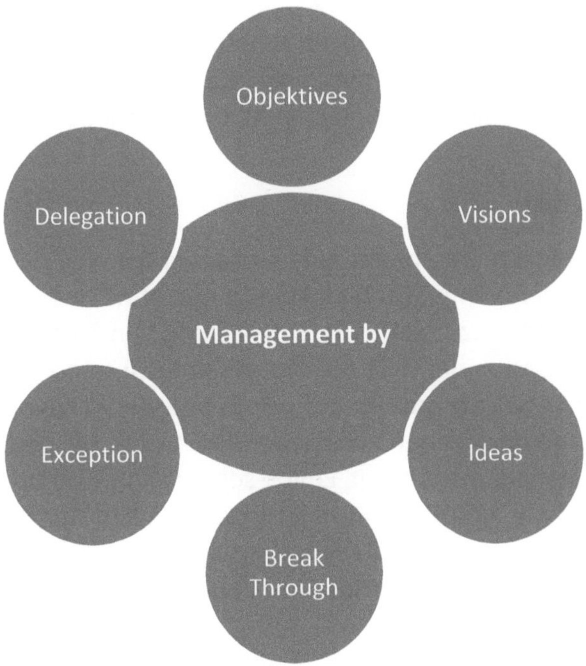

Abb. 12: Auswahl an Managementkonzepten

Um Führung strukturiert innerhalb einer Unternehmung ausüben zu können, müssen die Überlegungen zum Führungsstil durch Führungskonzepte ergänzt werden. Diese auch „Management by"-Ansätze genannten Konzepte haben jedoch in der Praxis teilweise eine sehr kurze Lebensdauer, insbesondere dann, wenn sie nach modischen oder zumindest stark am Zeitgeist orientierten Gesichtspunkten von Beratungsunternehmen propagiert und angeboten werden. Die weiteste Verbreitung unter den unterschiedlichen mehr oder weniger vollständigen Führungskonzepten hat „Management by Objectives" gefunden. Management- bzw. Führungskonzepte beschreiben praktische Hilfestellungen für den Führungsalltag. Sie betonen jeweils einzelne Aspekte und sind daher meist nicht dazu geeignet, als umfassendes System alle Fragen im Führungsalltag zu lösen. Mit einigen zentralen Konzepten sollte man sich jedoch für die Praxis vertraut machen.

Mangement by Ideas

Dieses Führungskonzept beschreibt eine Firma, bei der eine richtungsweisende Leitidee das Unternehmen prägt. Man könnte nun annehmen, dass eine solche zentrale Idee allenfalls dazu taugt, die Entwicklung von Produkten zu beschreiben, nicht jedoch bestimmend ist für das gesamte Unternehmen bzw. die Art des Managements. Jedoch gibt es auf der Ebene der Wertvorstellungen, des normativen Managements einen tiefergehenden Ansatz, bei dem die Grundidee das Arbeiten im Management prägt. Einige sehr erfolgreiche Unternehmen, wie beispielsweise Google, gründen auf einer Idee, die nicht nur das Produkt, sondern auch die Arbeitsweise und die Führungssituation (flache Hierarchie, Raum für eigene Projekte der Mitarbeiter/innen etc.) beeinflussen.

Verwandt mit „Management by Ideas" ist der Ansatz „Management by Visions", bei dem eine übergreifende Vision den Rahmen für Unternehmensziele bilden soll. Dabei muss jedoch in der Praxis darauf geachtet werden, dass die Visionen nicht isoliert uns ohne Bezug zur Arbeits- und Denkweise des Unternehmens stehen.

Management by Break-Through

Der Durchbruch des Unternehmens gelingt durch gezielte Veränderungen, die einen direkten Einfluss auf die Arbeitsweise des Unternehmens haben. Es ist zwar in der Realität so, dass solche Durchbrüche Einfluss auf den künftigen Erfolg haben können, aber es reicht im Regelfall nicht aus, daraus ein umfassendes Managementkonzept zu entwickeln.

Management by Delegation

Das Delegationsprinzip ist ein ganz wesentlicher Baustein, um Führungsaufgaben wahrnehmen zu können. In der Bundesrepublik der Nachkriegszeit wurde das Delegationsprinzip durch das Harzburger Modell bekannt, das erstmalig die Festlegung von Zuständigkeitsbereichen vorsah, so dass ein Führen im Mitarbeiterverhältnis und damit die Ablösung des bis dahin geltenden Prinzips von Befehl und Gehorsam möglich wurde. Um Führen zu können, muss darauf geachtet werden, dass die Aufgaben, die die nächste Arbeitsebene erledigen kann, auch auf dieser Ebene angesiedelt werden. Sonst bleibt der Führungskraft im Regelfall zu wenig Zeit für die eigentliche Führungsarbeit und das strategische Management. Dies setzt voraus, dass die Zuständigkeiten in Stellenbeschreibungen definiert sind. Um nicht eine bürokratische Starre zu erzeugen, muss man jedoch darauf achten, dass sich die Mitarbeiter/innen und Führungskräfte nicht ständig nur auf ihre Zuständigkeit berufen und damit beispielweise Kunden oder andere Externe vor den Kopf stoßen, indem sie erklären, dass sie ausgerechnet für dieses oder jenes Problem nicht zuständig seien.

Wird die Verantwortung an die Mitarbeiterebene für die Alltagsfälle delegiert und führt der Vorgesetzte nur in Ausnahmefällen, nennt man diesen Führungsstil Management by Exception.

Management by Objectives

Objectives sind Ziele und „Management by Objectives“ (MbO) ist daher das wichtigste Führungskonzept, da es hilft, die Zielfokussierung mit in die Führungsarbeit einzubeziehen. Ziele sind nicht nur für das Unternehmen als Gesamtes wichtig, sondern gerade für die Motivation der Mitarbeiter/innen von zentraler Bedeutung.

Je nach Führungsstil lässt sich MbO mit Führung durch Zielvorgabe (autoritär) oder Führung durch Zielvereinbarung (kooperativ) übersetzen. Für die meisten Fälle ist die kooperative Lösung zu bevorzugen, um sicherzustellen, dass die Ziele von den Mitarbeiter/innen auch akzeptiert werden, da sie bei deren Definition selbst beteiligt waren. Das ist eines der wichtigsten Prinzipien für die Führungspraxis: Wenn Betroffene wirklich Beteiligte sind, setzen sie sich im Regelfall auch für die gemeinsam erarbeiteten Zielsetzungen ein (vgl. Kapitel 4.2 Zielvereinbarung).

Effiziente Führung benötigt klare Zielsetzungen. In der Regel wird dies dadurch erreicht, dass die Unternehmensziele in einer Art Kaskade auf Bereichs-, Abteilungs- und Gruppenziele heruntergebrochen werden und schließlich in individuelle Ziele münden. Im Rahmen des MbO kommt daher der Zielabstimmung zwischen Führungskraft und Mitarbeiter/in im Rahmen der Jahresgespräche eine besonders große Bedeutung zu.

Das Führungskonzept setzt an der Aufgabenstellung der zielorientierten Gestaltung von Organisationen an. Ziel ist die Integration aller Mitarbeiter/innen in den zielorientierten Leistungsprozess des Unternehmens. Dabei geht es sowohl um die Kombination von sach- als auch um personenbezogenen Kriterien.

Entscheidend für die erfolgreiche Anwendung und Umsetzung von MbO ist einerseits eine Organisationskultur, die ausreichend Freiräume lässt, und andererseits der Einsatz von Management-Kontrollinformationen, der eine Leistungsüberwachung gestattet. Die Entwicklungsfähigkeit bedarf dabei einer ständigen Überprüfung durch Gespräche, die das Entwicklungspotential der Mitarbeiter/innen transparent machen. Die Zielorientierung erleichtert auch die Steuerung der Projektumgebung. Es gilt dabei stets das Prinzip, dass ein Vorgesetzter seine Ziele nur über die Teilziele der Mitarbeiter/innen erreicht. Die Zielorientierung der Projektmitarbeiter/innen gestattet auch ein klares Feedback. Diese Rückkopplung führt beim Erreichen der Ziele durch das Team zu einer soliden Basis für motiviertes Verhalten der Mitarbeiter/innen.

Eine optimale Zielvereinbarung als Kernstück des MbO folgt der so genannten SMART-Formel:

S – **Spezifisch**

Die Ziele werden im Jahresgespräch der Mitarbeiter/innen oder im Zielvereinbarungsgespräch entsprechend dokumentiert und müssen inhaltlich eindeutig definiert sein.

M – **Messbar**

Es können nur messbare oder objektivierbare Ziele benutzt werden. Es muss für die einzelne Mitarbeiterin/den einzelnen Mitarbeiter klar sein, welche Ergebnisse sie/er bis zu welchem Zeitpunkt liefern muss und wie die Leistung gemessen und bewertet wird. Dies ist die Voraussetzung dafür, dass Erfolge und Motivationserlebnisse möglich werden.

A – **Angemessene Ziele**

Die Ziele müssen erreicht werden können, d.h. die notwendigen Ressourcen müssen beispielsweise unstrittig zur Verfügung stehen. Ein Außendienstmitarbeiter wird sich nicht mit einem Ziel identifizieren können, das in einem schrumpfenden Markt hohe Wachstumsraten vorsieht, ohne dass ihm hierfür neue Möglichkeiten aufgezeigt werden und zur Verfügung stehen.

R – **Relevant**

Die Ziele müssen bedeutsam sein und einen Mehrwert für die Abteilung und das Unternehmen bringen. Es macht keinen Sinn, Nebenthemen in die Zielvereinbarung mit aufzunehmen.

T – **Terminiert**

Wie alles im Rahmen des Projektmanagements bedürfen die Zielformulierungen einer klaren Terminvorgabe. Sonst ist es auch nicht möglich, steuernd im Sinne des Projektmanagements einzugreifen.

Durch die Ausrichtung der Teilziele aller Mitarbeiter/innen am gesamten Unternehmens- und Abteilungsziel entsteht die gewünschte Ausrichtung für das Team und das Unternehmen. Das so genannte Alignment beschreibt die Ausrichtung der Arbeit des einzelnen Projektmitarbeiters und stellt somit sicher, dass alle Beteiligten im Sinne des Projektziels „an einem Strang" ziehen.

5.5 Laterale Führung – Führen ohne disziplinarische Macht

Laterale Führung beschäftigt sich mit Führungssituationen, in denen die typischen Machtmittel der Hierarchie nicht greifen, da sie entweder gar nicht zur Verfügung stehen (die Geführten befinden sich beispielsweise im Rahmen eines

Projektes auf derselben Hierarchiestufe) oder deren Einsatz aus unterschiedlichen Gründen (z.B. Führungstradition) nicht funktionieren.

Laterale Führung greift dabei auf das „laterale Denken" zurück, das der englische Gehirnforscher Edward de Bono in die Organisationsforschung eingebracht hat. Wir Menschen können nicht nur in linearen Zusammenhängen zu denken, sondern das menschliche Gehirn ist auch in der Lage, sehr komplexe Situationen und Zusammenhänge zu analysieren und Lösungen zu erarbeiten. Für unsere Unternehmen bedeutet dies, dass man sich von einfachem Schwarz-Weiß-Denken verabschieden muss, um einen kreativen und offenen Blick für neue Lösungen zu entwickeln. Dieser Ansatz löst bereits in vielen Organisationen große Irritationen aus, da er scheinbar nicht in das Konzept der bisherigen Erfahrungen passt.

Ein Führungsansatz der „transformativen Führung" kann dazu beitragen, aus den Geführten selbst Führende zu machen, so dass die übliche Konkurrenz zwischen lateraler Führung und hierarchischer Führung an Bedeutung verliert.

Schwerpunkte der lateralen Führung:

- Engagement
- Komplexität
- Glaubwürdigkeit

Engagement

Wer sich mit Führungsprozessen in Beratung und Forschung befasst, kann schnell feststellen, dass es in der Wahrnehmung der Führungssituation oft zwei Sichtweisen gibt, die sich hervorragend ergänzen, um das Führungsproblem aufzuzeigen. So geben die meisten Führungskräfte bei Befragungen zu Protokoll, dass sie den Verdacht haben, dass ihre Mitarbeiter/innen nur einen Bruchteil des möglichen Potenzials nutzen. Kurzum, das Engagement lasse zu wünschen übrig. Die Mitarbeiter/innen wiederum signalisieren, dass sie sich vorstellen könnten, wesentlich mehr in ihrer täglichen Arbeit zu bewirken, wenn man sie denn nur machen ließe. Die Kunst der Führung – insbesondere im Ansatz der lateralen Führung – liegt nun darin, Möglichkeiten zu schaffen, dass dieses Potenzial nutzbar bleibt bzw. nutzbar wird. Arbeit muss sinngebend sein und das Vertrauen zwischen Führungskraft und Mitarbeiter/innen bildet die Brücke für eine belastbare Führungsbeziehung.

Komplexität

Lineare Hierarchien im Rahmen des Liniensystems und linearer Informationsfluss funktioniert hervorragend in einer stabilen Situation eines Unternehmens. Wenn die Unternehmensumwelt, beispielsweise die Märkte, kaum Veränderungen aufweisen, kann mit der seriellen Abarbeitung von linearen Informationen ein Unternehmen erfolgreich geführt werden. Die vielen Umbrüche und schwer kalkulierbaren Veränderungen in den meisten Märkten erfordern jedoch ein rasches Handeln der Mitarbeiter/innen „vor Ort", was nur bei veränderten, beispielsweise „lateralen" Führungsansätzen gelingt. Das bedeutet, dass die Kolleginnen und Kollegen, die am Sachthema dran sind, auch inhaltlich und formal dazu befähigt sein müssen, Entscheidungen zu treffen und ihre Wahrnehmungen in die übergeordnete Entscheidungsfindung und Strategiebildung einzubringen.

Glaubwürdigkeit

Die zunehmende Transparenz im Zeitalter von Social Media erfordert auch eine klarere Konzentration der Führenden auf glaubwürdige Haltungen. Die früher übliche Konzentration auf Imagekorrekturen im Rahmen der PR-Arbeit führt nicht zu positiven Ergebnissen, da sie heute zu viel Zeit in Anspruch nehmen und das Ergebnis dennoch bescheiden bleiben würde.

Zusammenfassung

- Analysieren Sie die Bedingungen für Führungsstile in Ihrem Führungsjob.
- Entwickeln Sie einen eigenen Grundstil und differenzieren Sie bei Ihren Mitarbeiter/innen.
- Nutzen Sie die Managementkonzepte in ihrem jeweiligen Geltungsbereich. Management by Objectives kann dabei ein Basiselement sein.
- Klären Sie detailliert, wann Ihnen welche Machtmittel für Ihre Führungsaufgaben zur Verfügung stehen.

6 Mich selbst und andere motivieren

„Was uns im Leben am meisten nottut, ist ein Mensch, der uns zu dem zwingt, was wir können."

Ralph Waldo Emerson

Zentrale Ziele dieses Kapitels

- Motivation als Phänomen und Aufgabenstellung verstehen
- Faktoren der Motivation und Demotivation kennen und erkennen
- Maßnahmen zur Motivationssteigerung kennen und situationsgerecht einsetzen können

Schlagworte

- Motiv, Motivationstheorie, Bedürfnisse
- Motivatoren und Hygienefaktoren
- Theorie X und Theorie Y
- Flow, Ziele, Feedback, Lob

Ähnlich wie Schüler/innen am ersten Schultag sind Mitarbeiter/innen, die in ein Unternehmen kommen, vom Start weg motiviert. Lediglich dann, wenn in der Personalauswahl bereits elementare Fehler gemacht wurden oder das Arbeitsgebiet nur wenige Möglichkeiten zur persönlichen Identifikation bietet, kann dies von Beginn an ein Problembereich sein.

Eine der zentralen Aufgaben der Führungsarbeit ist die Motivation der Mitarbeiter. Diese Verhaltenssteuerung wird durch Motivierung für Ziele, Aufgaben, Mittel und Verhaltensweisen erzielt.

6.1 Wie entsteht Motivation?

Die Motivationspsychologie untersucht die Person (im Fall der Personalführung den Mitarbeiter oder die Vorgesetzte) sowie was und wie sie etwas tut (Art und Intensität der Aktivitäten). Es geht darum zu erklären, unter welchen Bedingungen man einzelne Mitarbeiter/innen bzw. Gruppen, Abteilungen oder ganze Unternehmen so anleiten kann, dass diese die vereinbarten Ziele möglichst erfolgreich erreichen und selbstständig umsetzen.

Bevor wir dies jedoch im Zusammenhang mit den einzelnen Führungssituationen genauer unter die Lupe nehmen, ist es notwendig, sich mit der Situation der Führungskräfte selbst zu befassen. Wie sieht es denn mit der Motivation der Führungskräfte aus?

Eppler und Mengis benutzen bei ihrem sehr pointierten Managementkompendium das klassische Bild des Sisyphos. Wie in der griechischen Sagenwelt geht es um das Bild des sinnlosen ewigen Mühens ohne Erfolg. Damit wird bereits anhand des Gegenteils ein wesentlicher Teil des Themas Motivation verdeutlicht. Wer keine Chance hat, sein Ziel zu erreichen und damit den Erfolg wahrzunehmen, wird auch kaum motiviert arbeiten können. Führungskräfte, die dieses Gefühl haben, werden ein großes Problem der Eigenmotivation haben. Die richtige Arbeitsbelastung und die Frage der Unterstützung sowie ein klares Ziel sind ein wesentlicher Part für erfolgreiches Arbeiten.

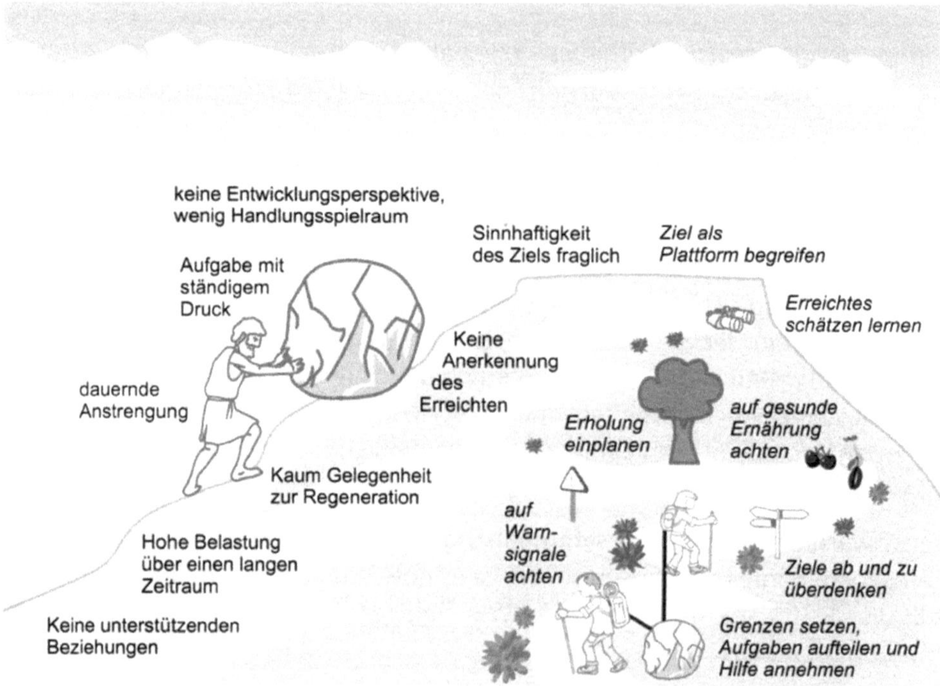

Abb. 13: Das Sisyphos-Bild der Motivation (Quelle: Eppler/Mengis 2004: 31)

Für viele Führungskräfte sind Metaphern wie die des Sisyphos oder „des Hamsters im Laufrad“ gängige Vergleiche, da sie ihre Arbeit als permanente Belastung empfinden, der lediglich sehr geringe (zu geringe) Regenerationszeiten gegenüberstehen. Hier ist im Sinne der Vorbereitung auf eine eigene Führungstätigkeit und im Sinne einer

Vorbeugung gegenüber dem eigenen persönlichen und gesundheitlichen Scheitern auch ein kritisches Verhältnis zur eigenen Freizeitgestaltung sinnvoll. Was liefert Ihnen die positive Energie, die auch für die beruflichen Herausforderungen notwendig ist? Wie gelingt es, die eigenen sozialen Beziehungen (Freunde und Familie) zu stärken und auch für die eigene Stärke zu nutzen? (vgl. auch Kap. 10.3, Work-Life-Balance)

Die konkrete Analyse der Motivationen im Unternehmen wird durch einige Bedingungen erschwert. Motive können in verdeckter Form auftreten und verschiedene Motive können durch ähnliche oder identische Handlungen zum Ausdruck gebracht werden, so dass die Zuordnung zwischen Motiv und Verhalten erschwert wird, da sich zudem ähnliche Motive in unterschiedlichem Verhalten äußern können. Dabei bestimmen kulturelle und persönliche Unterschiede den Ausdrucksmodus bestimmter Motive. Für die Führungsarbeit bedeutet dies, dass selbst bei Basisphänomenen wie Angst oder Frustration keine einheitlichen Symptome feststellbar sind. Als Führungskraft müssen Sie in der Lage sein, bei auffälligem Verhalten eine Analyse durchzuführen. Von Rosenstiel hat hierfür ein Modell entwickelt, das sich in der Praxis wie eine Checkliste einsetzen lässt.

Wenn Sie als Führungskraft bei Mitarbeiter/innen ein problematisches Verhalten beobachten, dann prüfen Sie zunächst, ob

- es sich überhaupt um ein Problem der Motivation handelt, oder
- ob es sich um ein Problem der Mitarbeiterin/des Mitarbeiters handelt, weil dieser die Aufgabe nicht erfüllen kann, oder

- *ob andere hemmende oder begünstigende äußere Umstände vorherrschen (Krankheit in der Familie, Trennung vom Partner, ...), oder*
- *ob die Aufgabe den Mitarbeitern sinnlos erscheint (z.B. weil der Mitarbeiter andere soziale Normen lebt).*

Um ausgehend von den Grundmotivationen eine tatsächliche Verhaltensänderung im Arbeitsalltag registrieren zu können, d.h. eine Veränderung der Arbeitsleistung zu erreichen, müssen die Motive die Bewusstseinsschwelle überschreiten, um das Handeln zu beeinflussen. Beispielhaft ist der Ehrgeiz eines Mitarbeiters, der als Sachbearbeiter im Innendienst eines Werbevermarkters beginnt und Karriere machen möchte. Mit dem Streben nach Geld, Macht, Einfluss und Selbstverwirklichung als Motivation kann sein Handeln erklärt werden. Typisch ist ein erhöhter Arbeitsaufwand, eine ausgesprochen hohe Ziel- und Abschlussorientierung im Geschäftsgebaren und ein Streben nach Verantwortung.

***Beispiel** aus der Seminar- und Beratungspraxis*

Ein jahrelang zuverlässiger Mitarbeiter macht seit einigen Wochen zunehmend Probleme im Arbeitsalltag. Er kommt zu spät zur Arbeit, macht Fehler, die bei seinem Erfahrungshintergrund nicht zu erwarten sind, und wirkt wenig engagiert. So lehnt er beispielsweise notwendige, zeitlich begrenzte Mehrarbeit für sich ab.

Eine unreflektierte Führungskraft könnte schnell zu dem Schluss kommen, dass die Gründe für das auffällige Verhalten im „Motivationsmangel" des Mitarbeiters liegen. Tatsächlich war im konkreten Fall die Ehe-

frau des Mitarbeiters schwer erkrankt, so dass es ganz klar ein Problem der hemmenden Umstände und damit der vorhandenen Situation war.

6.2 Warum sind Menschen motivierbar?

Basis des Umgangs mit Motivationen in der Führungsarbeit sind die Arbeiten zur Motivationstheorie von Maslow, McGregor, Herzberg und Csikszentmihalyi.

Im Führungsalltag gilt es, den Kontakt zu den Mitarbeiter/innen so auf- und auszubauen, dass die unterschiedlichen Motivationsebenen und die jeweilige persönliche Relevanz bekannt sind. Nur wer seine Mitarbeiter gut genug kennt, kann bei den Motivationsinstrumenten diejenigen auswählen, die auch zur Bedürfnisstruktur der Mitarbeiter/innen passen und daher auch den größtmöglichen Erfolg ermöglichen.

Maslowsche Bedürfnispyramide

Aus dem Umfeld der „Humanistischen Psychologie" stammt der Ansatz des Psychologen A. H. Maslow mit einer fünffach abgestuften Gliederung der menschlichen Grundbedürfnisse. Vor allem die Unterscheidung in Basisbedürfnisse (beispielsweise Sicherheit), die die Grundlage für komplexere Bedürfnisse (z.B. Selbstverwirklichung) bilden, lässt sich auch für Führungssituationen nutzen.

Motivationsmodell nach McGregor

Während die Maslowsche Theorie vor allem in der Praxis dazu verwendet wird, die Bedürfnisse aus Sicht der Mitarbeiter/innen näher zu beschreiben, gibt es den Ansatz von McGregor, der lediglich vordergründig die Motivation und Bedürfnisstruktur der Mitarbeiter/innen darstellt. Gemäß der X-Y-Theorie ist von einem unterschiedlichen Motivationszustand und unterschiedlichen Fähigkeiten der Mitarbeiter/innen auszugehen, was wiederum unterschiedliches Verhalten von Seiten der Vorgesetzten nach sich zieht. In der Praxis hat dieser Ansatz daher vor allem bei der Analyse des Verhaltens und der Grundeinstellung von Vorgesetzten Bedeutung.

- Theorie X

  Zentrales Führungsprinzip ist die Anleitung und Kontrolle, die autoritär durchzusetzen sind. Organisatorische Bedürfnisse können die Anforderungen der Mitarbeiter/innen nicht berücksichtigen. Aufgrund der Belohnung wird das System von Befehl und Kontrolle akzeptiert. Ungenutzte Fähigkeiten der Mitarbeiter/innen gibt es nicht, weshalb zur Ausschöpfung der Fähigkeiten keine Zeit und kein Geld aufgewandt werden müssen.
- Theorie Y

  Zentrales Führungsprinzip ist die Integration und Schaffung von Bedingungen für Mitarbeiter/innen, so dass sie sich in die Gesamtorganisation einbringen können. Die Organisation wird leistungsfähiger durch Berücksichtigung der Wünsche und Ziele der Mitarbeiter/innen. Die Führung muss Neuerungen zur Anleitung und Zusammenarbeit der Mitarbeiter/innen entwickeln.

Eine ganze Reihe von unterschiedlichen Verhaltensweisen in der Beziehung zwischen Vorgesetzten und Mitarbeiter/innen lassen sich durch diese unterschiedlichen Auffassungen gemäß dem Motivationsmodell erklären. Für mitarbeiterorientierte Führung ist eine Anlehnung an das Modell Y unerlässlich, da sonst das Zutrauen des Vorgesetzen in die positiven Fähigkeiten und Kenntnisse der Mitarbeiter/innen fehlt. Eine starke Anlehnung an das Modell X führt zu einer Kultur des Misstrauens und der Überwachung. Ob sich ein Unternehmen primär an einem Vertrauens- oder Misstrauensmodell orientiert, hat handfeste Konsequenzen für die Strukturierung der Aufbau- und Ablauforganisation und das realisierte Führungsklima.

Junge Führungskräfte müssen berücksichtigen, dass die Unternehmens- und Führungskultur, die dem einen oder anderen Prinzip nähersteht, gleichzeitig das Umfeld für die Auswahl der passenden Führungsstile bildet. Vertiefte Kenntnisse der im Unternehmen üblichen Sichtweisen, der im eigenen Arbeitsgebiet bisher gepflegten Tradition sowie der (künftigen) Erwartungen der Eigentümer und der Unternehmensleitung helfen bei der Entwicklung der eigenen Führungskultur.

Zwei-Faktoren-Theorie von Herzberg

Besonders interessant sind für die Führungs- und Personalarbeit im Unternehmen die Zusammenhänge zwischen Motivation der Mitarbeiter/innen und Motivations- und Anreizsystemen. Die Theorie von Herzberg trennt in ihrer Analyse der Motivationskategorien zwischen Hygienefaktoren und Motivatoren:

- Hygienefaktoren

  Hygienefaktoren stehen in keinem Zusammenhang mit der Arbeit selbst. Sie wirken sich überwiegend auf die extrinsische Motivation aus. Sie werden bei Gewährung sehr schnell zur Selbstverständlichkeit und motivieren daher nicht mehr (nur kurzfristige Wirkung). Während die positive Wirkung also durchaus begrenzt ist, kann sich das Ausbleiben von Hygienefaktoren negativ auf die Motivation auswirken. Im schlimmsten Fall äußert sich das sogar in

Demotivation. Beispielhaft sind hierfür eine angemessene Bezahlung und die Ausstattung mit geeignetem Arbeitsgerät. Aber auch die Gestaltung der Arbeitsumgebung wie das Büro zählen hierzu.

- Motivatoren

  Motivatoren richten sich an die nichtmateriellen intrinsischen Arbeitsmotive und bewirken dauerhafte Zufriedenheit, da sie in direktem Kontext zur Arbeit stehen. Dabei handelt es sich in erster Linie um psychologische Faktoren wie Leistungserlebnisse, Erfolge oder persönlicher Fortschritt durch Wissenszuwachs; also Erlebnisse, die in unmittelbarem Kontext zur Tagesarbeit stehen. Wichtig ist hier, dass es um das Erleben der Erfolge und nicht um das erfolgreich Sein als solches geht. Dieses positive Erleben muss im Rahmen eines authentischen Lobs und Feedbacks durch die Führungskraft unterstützt werden.

Die meisten Führungskräfte glauben, dass Geld ein Motivationsfaktor sei: Es hat sich in der Tat gezeigt, dass eine zu geringe Entlohnung (absolut zur Deckung der Lebenshaltungskosten und relativ im Verhältnis zum Arbeitseinsatz und zu branchenüblichen Standards) zur Demotivation führt. Es ist jedoch im Gegensatz nicht so, dass eine steigende Gehaltsentwicklung auch gleichbedeutend ist mit steigender Motivation. Hier gibt es einen Sättigungseffekt.

Um beim Einsatz von Motivatoren eine Adaption als Hygienefaktor zu verhindern, ist es ratsam, motivationsbezogene Aktionen als einmalige und spontane Aktion zu organisieren. Wenn es jedes Mal zu Weihnachten ein „tolles Geschenk" gibt, dann führt das nicht nur zu einer Erwartungshaltung, der man auch mit viel Phantasie nicht jedes Jahr auf originelle Weise entsprechen kann. Es wird auch nach Eintritt in die Gewöhnungsphase nicht mehr als positiver Motivationsschub wahrgenommen. Stattdessen wird im Falle des Wegfalls dieses Thema als „Demotivation" wahrgenommen.

Beispiel aus der Seminar- und Beratungspraxis:

Im Rahmen einer Besprechung im Sommer bei über 30°C Außentemperatur sagt ein Mitarbeiter im Spaß, dass dies doch eigentlich ein Wetter zum Eis essen und nicht zum Arbeiten sei.

Der Abteilungsleiter reagiert spontan und organisiert nicht nur Eis für die an der Besprechung beteiligten Mitarbeiter, sondern für alle Kollegen, die an diesem heißen Tag im Büro und erreichbar sind. Die positive Folge war eine sehr gute Laune und ein spürbarer Leistungsruck durch das Team, deren Mitglieder sich vom Vorgesetzten ernst genommen fühlen.

Die Aktion war spontan, unerwartet, direkt wirksam und auf lange Zeit positiv besetzt.

Flow-Konzept von Csikszentmihalyi

Nach dem amerikanischen Psychologen Mihaly Csikszentmihalyi ist es für die Zufriedenheit eines Menschen mit seiner Arbeit entscheidend, dass sein persönliches Erwartungsniveau an Herausforderungen im Alltag erfüllt wird. Erscheint die Arbeit zu schwer, führt dies zu Stress, erscheint die Arbeit zu leicht, führt diese Unterforderung zu Unzufriedenheit. Deshalb ist es notwendig, das individuelle Level zu erreichen und damit ein Flow-Erlebnis zu ermöglichen. Dieses positive beflügelnde Flow-Erlebnis wird zwar meist anhand der Themen Sport oder bei kreativen Berufen beschrieben, aber es kann grundsätzlich bei allen Berufsgruppen auftreten.

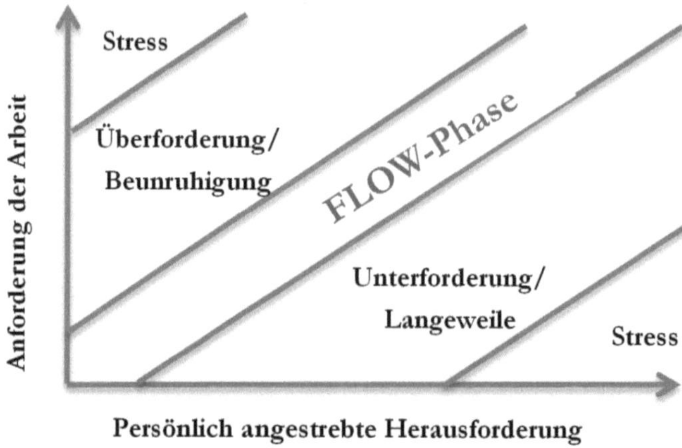

Abb. 14: Flow-Erleben (Quelle: nach von Cube 2006: 83)

Auch diese Theorie hilft als gedankliche Stütze im Führungsalltag. Als Führungskraft müssen Sie herausfinden, wo denn im Bereich der subjektiven Einschätzung der Herausforderungen die Messlatte der einzelnen Mitarbeiterin/des einzelnen Mitarbeiters anzulegen ist. Dem Gespräch zwischen Führungskraft und Mitarbeiter/in kommt hier eine entscheidende Funktion zu. Dies ist einerseits das informelle spontane Gespräch, mit dem auch die Beziehungsebene zu den Mitarbeiter/innen gestärkt werden kann, andererseits sind es aber auch gezielte Fragebereiche im institutionalisierten Mitarbeitergespräch, das in Absprache mit der Personalabteilung und den zentralen Empfehlungen oder Vorgaben mindestens jährlich durchgeführt werden soll. Nur dann, wenn gezielt auch Erwartungshaltungen erfragt und abgeglichen werden, ist eine gezielte Unterstützung des Flow-Erlebens der Mitarbeiter möglich.

Beispiel aus der Seminar- und Beratungspraxis

In einem Unternehmen steht eine Neubesetzung einer Abteilungsleiterstelle an. Die Unternehmensleitung möchte die Stelle gerne intern besetzen und strebt ein Mitarbeitergespräch mit einem geeigneten Kandidaten an. In der Gesprächseröffnung erläutert der Mitarbeiter, dass er gerne sein Arbeitspensum reduzieren wolle, da er materiell von dem Einkommen nicht abhängig sei und gleichzeitig viel Zeit für ein ausgefallenes Hobby aufbringe, welches er gerne ausweiten würde.

Die Unternehmensleitung erklärt dem Mitarbeiter die Situation anhand des Flow-Modells, dass er in der bisherigen Position unterfordert war und er jetzt die Möglichkeit bekäme, aktiv mitzugestalten und seine Ideen umzusetzen.

Nach zwei Tagen des Überlegens hat der Mitarbeiter die Stelle angenommen und die Reduktion der Arbeitszeit war vom Tisch.

Wir erleben dies in der Führungspraxis sehr oft, dass Mitarbeiter/innen außerhalb des Unternehmens sehr viel Energie und Verantwortung aufbringen, um sich ehrenamtlich oder mit einem Hobby zu beschäftigen. Dies ist im Sinne der Work-Life-Balance auch richtig und wichtig. Aber gerade als Führungskraft besteht die permanente Aufgabe zu überprüfen, ob diese Erwartungen der Mitarbeiterin/des Mitarbeiters mit den beruflichen Anforderungen auch noch übereinstimmen.

So führt im Gegensatz zur Unterforderung die Überforderung nicht nur zu Stress, sondern vor allem auch zu Unsicherheit. Und Mitarbeiter/innen, die unsicher sind, können keine überdurchschnittlichen Leistungen erbringen, da sie sich maximal auf den Feldern bewegen, die sie selbst abschätzen können.

6.3 Faktoren der Eigen- und Fremdmotivation

Gerade die Übernahme einer Führungsposition, vielleicht sogar verbunden mit materiellen Statussymbolen wie Firmenfahrzeug, Vorzimmer o.ä. ist zunächst einmal sehr stark motivierend. Um als Führungskraft entsprechend effektiv die neue Rolle wahrnehmen zu können, bedarf es einer vernünftigen Basis der Eigenmotivation. Führungskräfte, die über wenig Eigenmotivation in Bezug auf die inhaltlichen Herausforderungen der neuen Rolle verfügen, werden schlechter motivierte Mitarbeiter und suboptimale Ergebnisse präsentieren.

Basis dieser Übernahme von Führungsverantwortung im Rahmen eines Projekts ist die eigene Kompetenzbilanz, die in einen „Vertrag mit Ihnen persönlich" mündet, d. h. einer festen Zielsetzung in Verbindung mit Ihren eigenen Zielen. Dieser Orientierungsrahmen bildet ähnlich wie bei der Mitarbeitermotivation die Grundlage der Selbstmotivation. Es geht für die Führungskraft auch darum, Ziele zu erreichen und Erfolge erlebbar zu machen. Nur dann, wenn klare Zielsetzungen bestehen, ist es jedoch möglich, in diesem Sinne auch Ziele zu erreichen und daraus einen Motivationsschub zu bekommen. Dabei gehen die Ziele meist in eine persönliche Vision über. Unterstützt wird die Selbstmotivation durch eine Analyse, was der eigenen Motivation als Quelle dient. Dies ist aus der Praxiserfahrung heraus ein höchst individuelles Profil, das Freiheiten der Tagesgestaltung ebenso enthalten kann wie gesellschaftliche Anerkennung oder Machtstreben. Anschließend sollte die eigene Motivation noch kritisch hinterfragt werden. Eine Motivation zwischen Begeisterung und Freude an der Arbeit ist erstrebenswert, um Spitzenleistungen zu erbringen. Jedoch sollte keine ausschließliche Fixierung auf Arbeitserfolge einsetzen, da dann meist die sozialen Bezüge (Familie, Freundeskreis) vernachlässigt werden und eine starke emotionale Abhängigkeit von Berufserfolgen besteht. Dies führt in den meisten Fällen zum so genannten *Burn-out-Syndrom* und zu negativem Führungsverhalten.

Gleichgültigkeit oder nur noch sehr gering ausgeprägte Motivation sind ebenfalls keine Grundlage für Erfolge und sollten als Anlass zum Jobwechsel genutzt werden.

Stufe	Motivation
+ 300	**Besessenheit** Die Arbeit ist der wichtigste Inhalt geworden. Höchster Energiepegel, Gefühl, nicht mehr aufhören zu können. Gefahr: Scheuklappen, Verlust von Überblick, Vernachlässigung des sozialen Umfelds.
+ 200	**Begeisterung** Jederzeit freiwillige Mehrarbeit, Eigenständigkeit, Zielorientierung, Kreativität. Überdurchschnittliche Leistungen und Einsatz.
+ 100	**Freude an der Arbeit** Bereitschaft für Sondereinsätze. Bereitschaft für Veränderungen und Mitdenken.
0	**Normale Motivation** Keine Besonderheiten, weder in der positiven noch in der negativen Richtung.
- 100	**Gleichgültigkeit** Belange der Arbeit sind relativ gleichgültig. Dienst nach Vorschrift. Widerstände gegen Neuerungen und Veränderungen.
- 200	**Frust, „innere Kündigung"** Durchführung des Notwendigsten. Qualitätsniveau sinkt. Informationsblockade. Psychosomatische Beschwerden treten auf.
- 300	**Sabotage** Aufgaben werden widerwillig erledigt. Wenn möglich aktive Behinderung von Prozessen. Es wird gegen Unternehmensinteressen gearbeitet.

Abb. 15: Stufen der Motivation

Teams, die meist kreative Lösungen suchen sollen, können nur dann funktionieren, wenn die Mitarbeiter/innen „aus sich heraus", also intrinsisch motiviert sind. Motivation, die aus dem erfüllten Leistungsbedürfnis der Mitarbeiter/innen heraus entsteht, stellt hohe Anforderungen an das Verhalten der Führungskräfte. Hierzu gehört zunächst die Einbindung aller Mitarbeiter/innen in die Informations- und Kommunikationsprozesse. Dies ist eine wichtige Voraussetzung, um aufwändige Doppelarbeiten oder Verzögerungen von Abläufen in den Teams zu vermeiden. Gleichzeitig ist die Einbindung aller Mitarbeiter/innen in die Informations- und Arbeitsprozesse eine notwendige Voraussetzung für die Möglichkeit, Leistung selbstständig zu erbringen und damit auch Erfolge und die damit verbundene Motivation zu erfahren. Damit wird deutlich, dass Kommunikation mit den Mitarbeiter/innen keinen lästigen Nebeneffekt einer höheren hierarchischen Position darstellt, sondern zentrale Tätigkeit einer Führungsfunktion ist.

***Beispiel** aus der Seminar- und Beratungspraxis*

Wer in der Praxis Führungskräfte nach ihrem Aufgabengebiet fragt, kann eine erstaunliche Feststellung machen: Die meisten Manager/innen beschreiben dabei ausschließlich das inhaltliche Themengebiet, für das sie zuständig sind. Erst auf Rückfrage wird dann meist hinzugefügt, dass man „neben" der Verantwortung für Produktion, Forschung oder anderen Fachfunktionen „auch noch" für die Mitarbeiter/innen zuständig sei.

Was für eine Spezialistenfunktion eine angemessene Sichtweise darstellen mag, ist für eine Führungsposition problematisch, wenn sie das berufliche Selbstverständnis beschreibt. Führungsaufgaben wie Team- oder Projektleitung sind in diesem Zusammenhang eindeutig Führungsaufgaben, die eine entsprechende Menschen- und Mitarbeiterorientierung der Führungskraft beinhalten. Die Führung ist eine zentrale Tätigkeit und setzt eine intensive Auseinandersetzung mit Motivationsfaktoren voraus.

Motivationsfaktor	Auswirkung
Erfolge, Durchbruch, eigenes Projekt erfolgreich zu Ende gebracht, einen wichtigen Auftrag erhalten	extrem positive Auswirkung auf Motivation
hohes Lob, eigenverantwortliches Handeln	sehr positive Auswirkung auf Motivation
stimmiges Umfeld, gute Arbeitsbedingungen, gute Bezahlung, gutes Teamklima, Möglichkeiten zur Weiterbildung	Hygienefaktor als Beitrag zur Grundmotivation der Mitarbeiter/innen (sollte vorausgesetzt werden)
keine klaren Ziele	Desorientierung und Unsicherheit kann leicht zu Demotivation führen
zu wenig Ressourcen bereitgestellt, Keine Anerkennung für Leistungen, schlechtes Teamklima, Widersprüchliche Ziele	dauerhafte Demotivation, hier muss von Seiten der Führungskraft sofort gegengesteuert werden
Siege werden gestohlen, Mitarbeiter/innen fühlen sich übergangen und ungerecht behandelt	extreme Demotivation, Mitarbeiter/innen befinden sich in einem Ablöseprozess vom Unternehmen, Ergebnisse können „innere Kündigung“ sein oder im schlimmsten Fall auch „aktives Gegenarbeiten“

Tab. 2: Motivationsfaktoren und deren Auswirkung

Wie aus der Tabelle und den Ausführungen hervorgeht, sind zwei Punkte für die Mitarbeitermotivation von besonderer Bedeutung: Mitarbeiter wollen einerseits wissen, woran sie sind und woran sie gemessen werden bzw. wann sie ein Ziel erreicht haben. Auf der anderen Seite ist die Anerkennung und das Geben von Feedback zu Zwischenständen oder ein Lob ein zentrales Element des Führungshandelns.

6.4 Ziele und Feedback

Motivation entsteht überall dort, wo Ziele erreicht und Erfolge erlebt werden können. Diese einfache Formel lässt sich in der Praxis immer wieder bestätigen. Für die Führungskräfte bedeutet dies dass sie im Idealfall nicht Anhänger x-theoretischer Glaubenssätze nach McGregor (vgl. Kapitel 6.2.2) sind, sondern im Rahmen kooperativer Führung und den dazugehörigen Delegationsbereichen einen eigenständigen Erfolg der Mitarbeiter/innen ermöglichen.

Zielhierarchie	Beschreibung
allgemein formuliert, zeitlich unbegrenzt (normativ)	Geschäftsidee, Leitbild, Unternehmenskultur
im Zeitraum von 3 bis 5 Jahren (strategisch)	Strategie, Organisationsentwicklung
detaillierte Formulierung, Zeitraum 1 Jahr (operativ)	Jahresziele, Prozessziele oder Zielvereinbarungen mit Mitarbeiter/innen
Ad-hoc-Ziele aus dem Tagesgeschäft (dispositiv)	Planung von kleineren Projekten und Organisation des Tagesgeschäfts

Tab. 3: Zielhierarchien (Quelle: nach Fa. Sigtech AG)

Sie haben als Führungskraft die zentrale Aufgabe, innerhalb der jeweiligen Hierarchiestufe und des gewünschten Zeithorizonts angestrebte Ziele zu definieren. Dabei müssen Sie immer daran denken, welchen Beitrag das von Ihnen definierte Ziel zum übergeordneten Ziel leisten kann.

Für die Zieldefinitionen und -beschreibungen hilft in der Praxis die Vorstellung eines Mosaiks. Bei zu enger Betrachtung macht die Betrachtung eines Mosaiksteins evtl. wenig Sinn. Als Führungskraft müssen Sie sinnbildlich in der Lage sein, ein, zwei Schritte zurückzugehen und das gesamte Bild zu betrachten. Dies wiederum hilft Ihnen, die Sinnhaftigkeit bestimmter Ziele gegenüber Ihren Mitarbeiter/innen zu vertreten.

Wenn nun die Zielhierarchie und das Einzelziel der Mitarbeiter/innen auf Basis der Zielvereinbarungen klar sind, bleibt noch zu klären, wie denn die positive Form der Zielerreichung wirklich an die Mitarbeiter/innen rückgemeldet werden kann.

Hier stellt sich zunächst ganz allgemein die Frage nach den Feedback-Mechanismen im Rahmen der Führungsarbeit. Die einfachste Form des positiv unterstützenden Feedbacks ist das Lob. In der unternehmerischen Praxis zeigt sich, dass dies keinesfalls ein Thema ist, welches jede Führungskraft beherrscht. Abgesehen von einer gewissen Sparsamkeit in Sachen Lob, wie es landsmannschaftlich für viele ländlich geprägte Gegenden in Deutschland typisch ist (schwäbisches Sprichwort: „Nicht geschimpft ist genug gelobt“), fällt das direkte Lob auch vielen Führungskräften schwer.

Einige Grundregeln für das Loben:

Zeitpunkt des Lobs

- *unmittelbar nach der erfolgreichen Arbeit*

- keine Verzögerung

Umfang des Lobs

- dem Schwierigkeitsgrad und der Leistung entsprechend
- Gruppenlob bei Gruppenleistung
- Einzellob vor der Gruppe, nur dann, wenn angemessen und akzeptiert

Neben dem simplen Lob gibt es auch noch die Aufgabe, „Erfolge erlebbar zu machen". Das bedeutet, ein Team, das z.B. soeben eine Wettbewerbspräsentation gewonnen hat, muss diesen Erfolg direkt spüren können und darf nicht nur eine simple Dankes-Mail bekommen.

Grundregeln, um „Erfolge erlebbar zu machen":

Zeitpunkt

- direkt nach Bekanntwerden des Erfolgs (nicht verschieben)
- Einbeziehung aller Beteiligten ist notwendig
- darauf achten, dass nicht zeitgleich zusätzlicher Termindruck aufkommt

Möglichkeiten der Anerkennung, des „Erlebens"

- Prämien (bitte direkt und zeitnah)
- gemeinsame Events
- gemeinsames Mittagessen, Glas Sekt, Portion Eis etc.

6.5 Das Zielvereinbarungsgespräch

Gerade für junge Führungskräfte ist die Führung von Zielvereinbarungsgesprächen vor allem dann aufwändig und schwierig, wenn es durch die Vorgänger in der Führungsfunktion noch keine positive Tradition dieses Instruments gab. Das heißt, wenn solche Gespräche entweder nie oder selten und unregelmäßig geführt wurden oder wenn die Erfahrungen mit den Gesprächen aus Sicht der Mitarbeiter/innen nicht positiv waren. Letzteres ist dann der Fall, wenn die Gespräche repressiven Charakter hatten oder bei kooperativer Abstimmung im Rahmen der Gespräche die vereinbarten Schlussfolgerungen nicht eingehalten wurden. Wer Jahr für Jahr zugesichert bekommt, dass die längst überfällige Schulung im nächsten Jahr „ganz sicher“ durchgeführt wird, verliert nicht nur das Vertrauen in seinen Vorgesetzten (das wird zu diesem Zeitpunkt ohnehin schon nicht mehr allzu groß sein), sondern auch das Vertrauen in das Instrument des Zielvereinbarungsgesprächs.

Die Hauptbestandteile eines Zielvereinbarungsgesprächs mit Mitarbeiter/innen:

- verstärkte Wahrnehmung von Führungsverantwortung,
- Verbesserung der Steuerung,
- Steigerung der Kundenzufriedenheit,
- Erhöhung der Arbeitszufriedenheit der Mitarbeiter/innen,
- Erschließung von Leistungs- und Kreativitätspotentialen,
- erhöhte Identifikation der Mitarbeiter/innen mit der Aufgabe und dem Unternehmen.

Ein Zielvereinbarungsgespräch besteht im optimalen Fall aus drei Phasen:

- *Rückmeldung*
- *Zielvereinbarung*
- *Förderung*

Die Rückmeldung

Im Gespräch ist es die Aufgabe der Führungskraft, den Mitarbeiter/innen eine Rückmeldung zu ihrer konkreten Leistung zu geben. Dabei geht es nicht nur um die konkreten Ziele, sondern es können Eindrücke in der Zusammenarbeit wie Kooperationsbereitschaft, Kommunikationsverhalten oder Teamintegration angesprochen und mit den Eindrücken und Erwartungshaltungen der Mitarbeiter/innen abgeglichen werden.

Die Zielvereinbarung

Die Bedeutung von klaren Zielsetzungen für Führungskonzepte, die sich an Management by Objektives (MBO) anlehnen, wurde ja bereits dargestellt. Für die Motivation ist zielorientiertes Arbeiten von entscheidender Bedeutung. Daher ist die Fixierung von Zielen im Rahmen des Mitarbeitergesprächs eines der Kernelemente eines erfolgreichen Gesprächs.

Die Zielvereinbarung führt im Regelfall zu einer Verbesserung der Effizienz und Effektivität auf der Prozessebene und bei den beteiligten Mitarbeitern auch zu einer größeren Identifikation. Klare Zielsetzungen ermöglichen eine Führungsstruktur, in der es ausreichend Freiheiten für die Mitarbeiter geben kann. Um die Motivation zu ermöglichen, muss eine möglichst widerspruchsfreie Abstimmung der unterschiedlichen Teilziele innerhalb einer Gruppe, Abteilung, Unternehmen etc. angestrebt werden.

Die Förderung

Neben den Vereinbarungen von Zielen muss es im Gespräch auch dazugehören, Wege und Mittel aufzuzeigen, wie die Ziele seitens des Mitarbeiters erreicht werden können. Hierzu gehört, wie wir bereits aufgezeigt haben, ein angemessener Aufgabenumfang und Schwierigkeitsgrad der aktuell zu bearbeitenden Aufgaben. Daher ist es nicht nur eine Frage der Unternehmensethik, die persönlichen Entwicklungsziele von Mitarbeitern zu berücksichtigen, sondern es ist darüber hinaus ein ureigenes betriebswirtschaftliches Interesse des Unternehmens.

Hier eine Checkliste zu den wesentlichen Themengebieten eines Zielvereinbarungsgesprächs:

Zusammenarbeit zwischen Führungskraft und Mitarbeiter/in

- ☐ Findet ein ausreichender Informationsaustausch zwischen Mitarbeiter/in und Führungskraft statt?
- ☐ Wie wird die Qualität der Zusammenarbeit von beiden Seiten beurteilt?
- ☐ Findet eine angemessene regelmäßige Rückmeldung von Leistungs- und Arbeitszufriedenheit statt?
- ☐ Wie erfolgt die Zielsetzung und Übertragung von Aufgaben und Verantwortlichkeiten?
- ☐ Welche Erwartungen bestehen auf beiden Seiten im Hinblick auf die Selbständigkeit bei der Aufgabenerfüllung?

- ☐ Wie zufriedenstellend wird von Mitarbeiter/innen und Vorgesetzten die gegenseitige Information bewertet?
- ☐ Wie hoch ist die Zufriedenheit im Bereich Leistung des Mitarbeiters und Anerkennung der Leistung?
- ☐ Wie wird der Umgang mit Konflikten von beiden Seiten wahrgenommen?

Aufgabenverteilung

- ☐ Besteht eine klare Zuordnung von Zuständigkeiten?
- ☐ Entsprechen die Aufgaben der Eignung und Neigung der Mitarbeiterin/des Mitarbeiters?
- ☐ Welche künftigen Aufgaben werden im Arbeitsgebiet der Mitarbeiterin/des Mitarbeiters anfallen?
- ☐ Besteht in Art und Umfang der Aufgaben ein Veränderungsbedarf?

Arbeitssituation

- ☐ Wie zufriedenstellend ist der Informationsfluss inklusive der Informationen von Kolleg/innen oder vor- und nachgelagerten Stellen?
- ☐ Werden die vorhandenen Ressourcen zur Aufgabenerfüllung als passend wahrgenommen?
- ☐ Wie ist das Klima der Zusammenarbeit auf Kollegenebene?
- ☐ Wie und wo können Arbeitsabläufe auf der Prozessebene verbessert werden?
- ☐ Wie ist die Arbeitsatmosphäre?

Entwicklungsziele

- ☐ Welche künftigen Anforderungen werden den Arbeitsbereich der Mitarbeiterin/des Mitarbeiters beeinflussen?
- ☐ Besteht hier ein Qualifizierungsbedarf?
- ☐ Welche Entwicklungsschritte bei der Persönlichkeitsentwicklung wären für die Aufgabe im Unternehmen hilfreich? Wie sollen diese unterstützt werden?
- ☐ Welche Fortbildungsziele sind zu vereinbaren?
- ☐ Welche Entwicklungsmöglichkeiten bieten sich im Unternehmen an?

6.6 Exkurs: Vergütungsmodelle

Wer sich mit der Mitarbeitermotivation befasst, kommt um das Thema Lohn, Gehalt und Vergütung nicht herum. Die oftmals ins Feld geführte Argumentation: „Gib mir mehr Geld, dann bin ich auch motiviert." haben wir zwar schon widerlegt, dennoch bedeutet dies nicht, dass das Thema Entgelt völlig aus dem Radar der Führungskraft verschwinden sollte.

Das Arbeitsentgelt dient der Existenzsicherung bei Mitarbeiter/innen aller Gehaltsklassen und Hierarchieebenen. Je höher die Gehaltsregion, desto mehr spielen auch Prestige- und Statusziele eine Rolle, für die die Vergütung die finanzielle Basis legt. Dabei sinkt der Motivationsaspekt im Sinne eines Sättigungseffekts. Dennoch gilt auch hier die Aussage des Philosophen Seneca „Arm ist nicht derjenige, der wenig besitzt, sondern derjenige, der viel wünscht."

Funktionen der Vergütung

Vergütungssysteme haben unterschiedliche Aufgaben, die sich gerade in Bezug auf leistungsorientierte Vergütung von Führungskräften systematisieren lassen.[16] Ein leistungsorientiertes Entgeltsystem aktiviert die Mitarbeiter/innen und sensibilisiert sie für die erwarteten Leistungsziele. Die genaue Definition von Zielen ist notwendig, um die Richtung des Engagements mit den gesamten Unternehmenszielen abzustimmen. Es geht dabei um die Steuerungsfunktion von Entgeltsystemen. Wer ein Gehaltssystem aufbaut und überarbeitet, signalisiert darüber hinaus für alle Beteiligten auch, wo die Schwergewichte der strategischen Entwicklung liegen. Funktionen, die besonders gut bezahlt sind, gelten auch jenseits der Finanzen für bedeutender als andere Themen. Die Veränderung der Organisation kann durch eine Überarbeitung des Vergütungssystems begünstigt werden.

Wenn Gehälter als attraktiv wirken, können sie erheblich zur Bindung an das Unternehmen beitragen. Dies setzt jedoch ein ausgewogenes System voraus. Die Hoffnung vieler Führungskräfte, dass Mängel und Ungerechtigkeiten der Vergütung den Mitarbeiter/innen nicht bekannt sind und damit auch nicht bewusst werden, ist oft trügerisch. Denn üblicherweise sprechen die Mitarbeiter/innen trotz ausdrücklichem Verbot durch die vertragliche Verschwiegenheitsverpflichtung über ihr Gehalt. Ein System, das keine Transparenz verträgt, ist daher nicht empfehlenswert. Führungskräfte müssen nicht nur darauf achten, dass ihr eigenes Gehalt sinnvoll in das Gesamtsystem passt, sondern sie müssen vor allem das Gehaltsystem der Mitarbeiter auf Unstimmigkeiten überprüfen.

---

[16] vgl. Becker, F. G./Kramarsch, M. (2006): Vergütung außertariflicher Mitarbeiter: in: Handelsblatt Wirtschaftslexikon: S. 5959

Beispiel aus der Seminar- und Beratungspraxis

Vor allem in verkaufsorientierten Abteilungen versuchen Unternehmen, bei Neueinstellungen niedrige Provisionssätze für die neu eingestellten Mitarbeiter/innen als so genannte Juniorverkäufer/innen zu fixieren. Die Situation ist dann im Alltag sehr demotivierend, da ein solch „günstiger" Juniorverkäufer bald feststellt, dass sein älterer Kollege für dieselbe Arbeit (vielleicht noch mit einem einfach zu bedienenden, gewachsenen Kundenstamm) mehr Geld erhält.

Achten Sie bei der Analyse des Gehaltssystems der Mitarbeiter/innen auf den Leistungsbezug im Sinne des Beitrags für das Unternehmen. Berücksichtigen Sie dabei stets nicht nur die individuelle Leistung, sondern die Verhältnismäßigkeit des Gehaltsniveaus im Vergleich zu den Kolleginnen und Kollegen des Arbeitsbereichs. Leistungsorientierte Komponenten sollten keine vorwiegend kurzfristigen, sondern im Schwerpunkt mittel- bis langfristige Zielsetzungen beinhalten.

Im Bereich der Führungskräftevergütung sind variable Gehaltsbestandteile seit Langem üblich. Deren Aufbau und Bemessungsgrundlage ist jedoch immer wieder Gegenstand interner oder auch öffentlicher Diskussionen. Gewinnbeteiligungen sind üblich, die Bemessung der hierfür relevanten Gewinngröße kann jedoch genauso zu Diskussionen führen wie die Kopplung an Kursentwicklungen bei den börsennotierten Unternehmen.

Achten Sie bei der Festlegung Ihres Führungsgehalts darauf, dass die variablen Bestandteile auch tatsächlich von Ihnen beeinflusst werden können. Es ist in hohem Maße demotivierend, wenn allgemeine Kurs- und Marktentwicklungen sich unmittelbar in Ihrem Gehalt wiederfinden.

Ein weiteres Themenfeld sind vergütungsähnliche Nebenleistungen wie Pensionszusagen, spezielle Versicherungen, Dienstwagen, Einkaufsvergünstigungen, Clubmitgliedschaften und weitere Vergünstigungen. Diese können von erheblicher finanzieller und auch emotionaler Bedeutung sein. Insbesondere prestigeträchtige Vergünstigungen sind von einzelnen Leistungsträgern sehr gefragt. In Deutschland wird dies dann dem sozialen Umfeld gerne unter der Rubrik „Das bezahlt bei mir die Firma, nicht, dass es mir wichtig wäre, ich brauch das ja nicht..." präsentiert.

Zusammenfassung

- Achten Sie bei Ihren Mitarbeiter/innen darauf, dass Sie nicht vorschnell vom Verhalten auf die Motivation schließen.
- Lernen Sie die Motivationsstruktur der einzelnen Mitarbeiter/innen kennen.
- Achten Sie auf konkrete attraktive Ziele und geben Sie ausreichend Feedback.
- Machen Sie Erfolge erlebbar.
- Sichern Sie eine faire nachvollziehbare Vergütung.

7 Wer erfährt was wann wie von wem?

„Man kann sich nicht nicht verhalten. (...) Daraus folgt, dass man, wie auch immer man es versuchen mag, nicht nicht kommunizieren kann. (...) Handeln oder Nichthandeln, Worte oder Schweigen, alle haben Mitteilungscharakter (...).“

Paul Watzlawick

Zentrale Ziele dieses Kapitels

- die Bedeutung der Kommunikation kennenlernen
- Kommunikation und Information analysieren können
- Kanäle, Botschaften und Umgangsformen verstehen und analysieren können

Schlagworte

- Kommunikation, Information, Botschaft
- Selbstkundgabe, Appell, Ich-Botschaft, Du-Botschaft
- Ebenen der Kommunikation

Ungefähr 80% der Arbeitszeit einer Führungskraft bestehen aus kommunikativen Aktivitäten. Dabei spielt vor allem der Austausch von Informationen eine zentrale Rolle, denn: man kann nicht informieren ohne zu kommunizieren. Dies bedeutet, dass Informationen zum Führungsinstrumentarium gehören, deren Umgang allerdings gelernt sein will.

Im allgemeinen Sprachgebrauch wird der Informationsbegriff im Sinne von Wissen und der Wissensweitergabe verwendet. Zu Informationen gehört in der Regel alles, was dazu beiträgt, Entscheidungen treffen zu können. Das heißt, eine

Information sollte einen Wissenszuwachs beinhalten, also Dinge enthalten, die dem Empfänger der Botschaft neu sind.

Eine falsche Informationspolitik in einem Unternehmen, beispielsweise durch die verfrühte Bekanntgabe eines Unternehmensverkaufs, kann zu verheerenden Folgen innerhalb der Organisation, oder bei börsennotierten Unternehmen auch in der Öffentlichkeit nach sich ziehen. Für exklusive Informationen können die Beschaffungskosten sehr hoch sein. Wertvolle Informationen sind ein knappes Gut, über das die Führungskraft verfügt. Gerade im Management haben die Führungskräfte nicht selten, auch nach dem Ausscheiden aus ihrer Position, absolutes Stillschweigen über Informationen aus dem Unternehmen zu wahren und unterschreiben mit ihren Arbeitsverträgen häufig auch Wettbewerbsverbote. Um Mitarbeiter oder ein Team erfolgreich zu führen, bedarf es immer der Kommunikation und des permanenten Austauschs von Informationen. Zumeist werden Führungskräfte mit Entscheidungen konfrontiert, die die Gestaltung der Zusammenarbeit oder die Entscheidungsfindung innerhalb der sozialen (Arbeits-)Gruppe betreffen. Dies erfordert einen empfindlichen Umgang mit den Bedürfnissen der Menschen, um ihnen ein motivierendes Umfeld zu bieten.

7.1 Grundlagen der Kommunikation

Mangelnde Kommunikationsfähigkeit führt immer wieder zu mehr oder weniger großen Missverständnissen und infolgedessen kann es zu Unverständnis, Streit und zwischenmenschlichen Spannungen kommen. Besonders als Führungskraft ist es daher enorm wichtig, die Regeln der Kommunikation zu beherrschen und anwenden zu können, um Probleme in der Mitarbeiterführung und Teamsteuerung zu vermeiden sowie eine angenehme förderliche Arbeitsatmosphäre zu schaffen. Häufig sind bereits Kleinigkeiten in der eigenen Verhaltensweise oder

Untertöne entscheidend für den Erfolg oder Misserfolg. Ein erfolgreich arbeitendes Unternehmen ist auf reibungslose interne und externe Verständigung angewiesen. Für eine Führungskraft sind Kenntnisse in diesem Bereich somit zentraler Erfolgsfaktor.

Schlägt man den Begriff „Kommunikation" in Gablers Wirtschaftslexikon nach, so erhält man folgende Erklärung: Kommunikation bedeutet, etwas miteinander zu teilen („Mitteilung"). Geteilt wird hierbei der „Inhalt" einer Mitteilung, welcher in verschiedene Aspekte gegliedert werden kann:

„(1) ihr Bezug auf Objekte oder Sachverhalte (Darstellungsfunktion)

(2) der Bezug auf Eigenschaften oder Absichten des Kommunikators (Ausdrucksfunktion) und

(3) der Bezug auf Reaktionen der Rezipienten (Appellfunktion). Darüber hinaus hat jede Mitteilung auch einen Beziehungsaspekt. Sie definiert und reguliert die soziale Beziehung zwischen Kommunikator und Rezipient."[17]

Interpretiert man diese Definition, so existieren unterschiedliche Ebenen und Inhaltsaspekte einer Mitteilung.

Das Eingangszitat dieses Kapitels ist einer der berühmtesten Sätze zum Thema Kommunikation und stammt von Paul Watzlawick: „Man kann nicht nicht kommunizieren."[18] Selbst wenn bewusst versucht wird, keinerlei Botschaften auszusenden, wird dies niemals jemandem gelingen. Kommunikation besteht nicht

---

[17] vgl. http://wirtschaftslexikon.gabler.de

[18] Watzlawick/Beavin/Jackson 1982: 53

ausschließlich aus dem Inhalt des gesprochenen Wortes, sondern enthält weitere Bestandteile, die sogar weitaus bedeutender sind als die verbalisierte Nachricht selbst. Wenn wir nicht bewusst sprechen, spricht beispielsweise immer noch unser Körper für uns. Abbildung 17 stellt diese Zusammensetzung der Kommunikationsbestandteile grafisch dar.

Verbale Kommunikation

Dieser Bestandteil macht mit nur 7% den geringsten Teil der Kommunikation aus. Hierbei ist die Rede lediglich vom gesprochenen oder geschriebenen Wort selbst, dem eigentlich kommunizierten Inhalt einer Nachricht. Bei dieser Art der Kommunikation werden explizite, d.h. ausdrücklich formulierte Botschaften versendet. „Sprache ist eine Form, um Gedanken, Absichten, Gefühle, Einstellungen auszudrücken (...) [und] zu verstehen."[19]

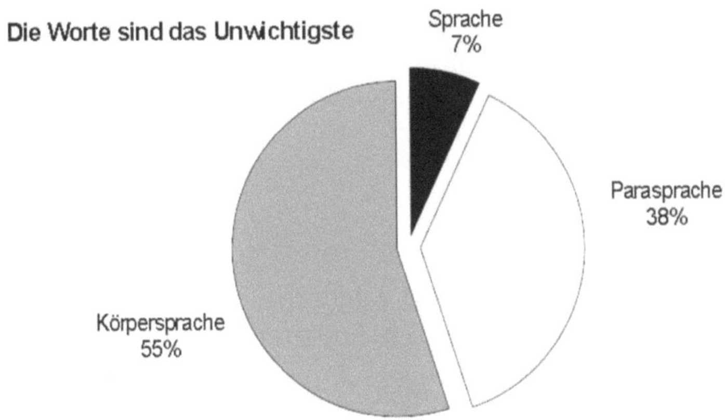

Abb. 16: Bestandteile der Kommunikation (Quelle: Winheller 2002: 2)

[19] Delhees 1994: 200

Nonverbale Kommunikation

Unterstützt wird die verbale Kommunikation immer durch die nonverbale Kommunikation. Mit 55% macht diese den größten Teil der Kommunikation überhaupt aus. Hierbei handelt es sich um implizit ausgedrückte Botschaften einer Nachricht. Diese werden nicht direkt gesagt, stecken jedoch in der Mitteilung oder können vom Sender oder vor allem vom Empfänger „zumindest ‚hineingelegt' werden. (...) Die ‚eigentliche' Hauptbotschaft wird oft implizit gesendet."[20] Zur Körpersprache zählen unter anderem die äußere Erscheinung, Haltung, Gangart, Gestik und Mimik.

Parasprache

Die Parasprache macht letztendlich 38% der menschlichen Kommunikation aus. Hierbei geht es um stimmliche Sprachaspekte wie Betonung, Stimmlage, Sprechgeschwindigkeit, Lautstärke und Volumen. Auch dieser Kommunikationsbestandteil ist analog aufgebaut und unterstützt so das reine gesprochene Wort und die Körpersprache. Sie läuft ebenso implizit ab wie die nonverbale Kommunikation.

7.2 Kommunikationsmodelle

In der wissenschaftlichen Literatur sind zahlreiche Modelle zur Erklärung und Beschreibung kommunikativer Prozesse zu finden. Im Folgenden sind nur einige bekannte Modelle näher erläutert.

---

[20] Schulz von Thun 2008: 33

Die fünf Axiome von Paul Watzlawick

Bereits 1969 hat der bekannte Kommunikationswissenschaftler Paul Watzlawick die berühmten fünf Axiome der Kommunikation veröffentlicht:

1. Axiom:
„Man kann nicht nicht kommunizieren."

Bei menschlicher Kommunikation handelt es sich immer um eine Interaktion zwischen mindestens zwei Personen. Dabei findet ein „wechselseitiger Ablauf von Mitteilungen" statt. Es wird hier allerdings – wie bereits erwähnt – nicht nur über die reine Sprache kommuniziert, sondern auch über die Körper- und Parasprache, d.h. über Verhalten in jeder Form. Kein Mensch kann kein Verhalten zeigen, genauso wenig wie man nicht nicht reagieren kann. Alles was man tut oder eben auch nicht tut, ist eine Art von Kommunikation und sagt den Mitmenschen etwas aus. Passives regungsloses Verhalten beispielsweise kann die Botschaft „Lass mich in Ruhe!" aussenden. Es findet also zu jeder Zeit eine Art der Kommunikation statt, auch wenn diese zum Beispiel nur darin besteht, zu vermitteln, dass man gerade nicht verbal kommunizieren möchte.

2. Axiom:
„Jede Kommunikation hat einen Inhalts- und einen Beziehungsaspekt, derart, dass letzterer den ersteren bestimmt und daher eine Metakommunikation ist."

Dieses Axiom sagt aus, dass in einer Mitteilung zum einen immer die reine informative Botschaft, der Inhaltsaspekt, enthalten ist und zum anderen immer auch eine beziehungsgeleitete Botschaft, der Beziehungsaspekt. Diese beiden Aspekte sind mit der Sach- und der Beziehungsebene des Eisbergmodells vergleichbar. Bei letzterem geht es beispielsweise um die Einstellung einer Person zu seinem Gesprächspartner. Je nachdem, wie negativ oder positiv diese Beziehung ist, desto mehr oder weniger stark spielt der Beziehungsaspekt eine Rolle und beeinflusst so den Inhaltsaspekt.

Die Reaktion einer Person auf eine Mitteilung kann dementsprechend in drei verschiedenen Formen ausfallen: Je nach Art der Beziehung wird die Aussage des Gesprächspartners bestätigt, verworfen oder aber gar entwertet.

3. Axiom:
„Die Natur einer Beziehung ist durch die Interpunktion der Kommunikationsabläufe seitens der Partner bedingt."

Das heißt, jeder Mensch ordnet bestimmte Kommunikationsabläufe immer in seine individuelle Sicht der Wirklichkeit ein und bestimmt innerhalb derer selbst den Beginn eines Kommunikationsprozesses. Jedes Verhalten ist immer „gleichzeitig Reiz, Reaktion und Verstärkung" für ein weiteres Verhalten des Interaktionspartners. Betrachtet man die Interpunktion innerhalb eines Kreises, so kann kein objektiver Beginn einer Interaktion mehr festgestellt werden, da jeder den Anfang des Kommunikationsprozesses im Verhalten des anderen sieht. Im Falle eines Streites denken somit beide Parteien, der jeweils andere habe das Problem durch sein Verhalten ausgelöst und somit einen Teufelskreis in Gang gesetzt. Das eigene Verhalten wird lediglich als Folge und Reaktion auf das des Kommunikationspartners gesehen.

4. Axiom:
„Menschliche Kommunikation bedient sich digitaler und analoger Modalitäten."

Es gibt sowohl eine digitale als auch eine analoge Kommunikation. Die digitale Kommunikation gibt dabei den Dingen Namen, die durch Worte ausgedrückt werden können und auf Konventionen, wie einer gemeinsamen Sprache (Verbalisation), beruhen. Die analoge Kommunikation arbeitet mit Zeichensprache und Ausdrucksgebärden (Körper- und Parasprache).

5. Axiom:
„Zwischenmenschliche Kommunikationsabläufe sind entweder symmetrisch oder komplementär".

Bei einer Beziehung zwischen zwei Kommunikationspartnern gibt es grundsätzlich zwei Möglichkeiten der gemeinsamen Basis. Zum einen kann eine Interaktion symmetrisch sein. Das bedeutet, die beiden Partner sind sich sehr ähnlich und versuchen unterbewusst, Ungleichheiten zu vermeiden. Zum anderen kann eine Beziehung komplementär sein. Das heißt, die Interaktion basiert auf sich wechselseitig ergänzenden Ungleichheiten. Meist übernimmt hierbei einer den dominanteren und der andere den passiveren Part in der Kommunikation, ohne diesen aufgedrängt zu bekommen.

Das Vier-Ohren-Modell

Das Vier-Ohren-Modell ist eines der wichtigsten Kommunikationsmodelle der heutigen Zeit. Es stammt von Schulz von Thun[21] und enthält Teile des 2. Axioms von Paul Watzlawick (jede Kommunikation hat einen Inhalts- und einen Beziehungsaspekt). Das Modell sagt aus, dass ein Gesprächspartner aus der Aussage einer Person immer mehr als nur die reine Sachinformation herauslesen kann. Eine Mitteilung enthält niemals nur eine einzelne objektive Botschaft. Nach dem Vier-Ohren-Modell gibt es vier verschiedene Möglichkeiten, eine Aussage zu interpretieren: Neben der Sachinhaltsebene und der Beziehungsebene gibt es

---

[21] Schulz von Thun, Friedemann: Miteinander reden, Originalausgabe 1981, lfd. Nachauflagen

zudem eine Selbstkundgabeebene und eine Appellebene. Das heißt, jede Mitteilung kann vom Kommunikationspartner durch vier verschiedene Kanäle bzw. Ohren aufgenommen werden. Auf jedem dieser Ohren wird eine Botschaft anders interpretiert und die reine sachliche Aussage bekommt eine zusätzliche Bedeutung zugewiesen. Man liest also quasi immer auch zwischen den Zeilen einer Aussage Zusatzinformationen heraus. Ebenso kann der Sender eine Mitteilung über diese vier Kanäle formulieren und so dem eigentlichen Inhalt zusätzliche implizite Botschaften beifügen. Stimmen die Kanäle von Sender und Empfänger nicht überein bzw. wird eine Nachricht über den falschen Kanal interpretiert, kann es schnell zu Kommunikationsproblemen kommen.

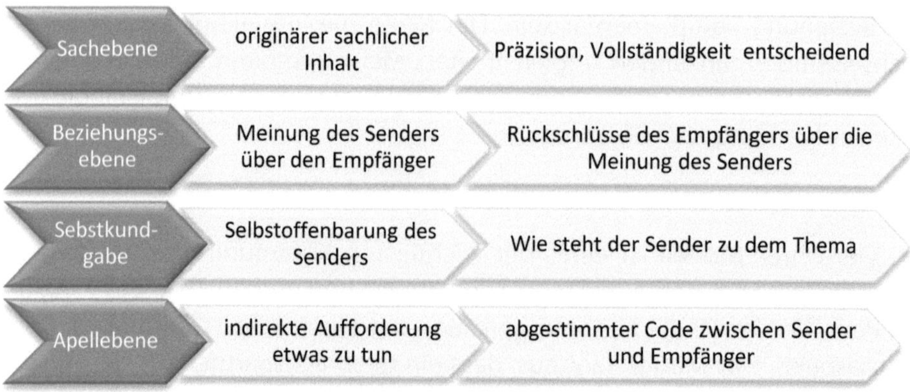

Abb. 17: Das Vier-Ohren-Modell (nach: Schulz von Thun 1981)

Diese vier Ebenen einer Nachricht sowie deren Interpretationsmöglichkeiten sollen nun anhand des folgenden Beispiels von Schulz von Thun näher betrachtet werden:

Ein Beifahrer sagt zu seiner Frau beim Autofahren: „Du, da vorne ist grün!" Welche Informationen können aus einer einfachen Aussage wie dieser nun durch die verschiedenen Ohren herausgehört werden?

- Sachinhaltsebene

  Diese Ebene enthält die reine Sachinformation, die in der Nachricht enthalten ist. Hier werden lediglich die gesprochenen Worte wahrgenommen und ohne eigene Interpretation des Empfängers (autofahrende Frau) als Tatsachen verstanden. Betrachtet man das Beispiel, so lautet die mit dem Sachinhaltsohr gehörte Botschaft schlicht und einfach: „Die Ampel da vorne ist grün!" Darin sind keinerlei Wertungen enthalten, sondern lediglich der Fakt einer grünen Ampel.

- Selbstkundgabeebene

  In jeder Nachricht steckt immer auch eine gewisse Selbstoffenbarung über die eigene Persönlichkeit des Senders (Beifahrer). Hierin enthalten sind häufig sowohl eine gewisse beabsichtigte Selbstdarstellung als auch eine eher unbeabsichtigte Selbstenthüllung. Der Sender verrät mit seiner Aussage automatisch Hintergrundinformationen über seine Person, ob er dies möchte oder nicht. Im Beispiel könnte die Botschaft mit dem Selbstkundgabeohr folgendermaßen verstanden werden: „Ich habe es eilig."

- Appellebene

  Auf diesem Kanal versucht der Sender, dem Empfänger mit seiner Nachricht zu übermitteln, dass dieser etwas Bestimmtes tun soll. Er fordert ihn implizit dazu auf, eine Handlung auszuführen oder bestimmte Dinge zu denken bzw. zu fühlen. Die Botschaft aus dem Beispiel könnte demnach über das Appellohr folgendermaßen verstanden werden: „Fahr schneller, dann schaffen wir es noch über die grüne Ampel." Diese Ebene steht bei vielen Kommunikationsvorgängen häufig im Vordergrund. Sollte dies der Fall sein, werden die drei verbleibenden Ebenen auf diesen Appell hin funktionalisiert, um gewisse Umstände hervorzurufen, welche letztendlich eine bestimmte Reaktion des Gesprächspartners erzeugen sollen. Sie werden damit „zum Mittel der Zielerreichung".

- Beziehungsebene

  Die Beziehungsebene enthält Informationen darüber, welche Meinung der Sender über den Empfänger hat. Hier werden häufig die Körper- und die Parasprache eingesetzt, um dieses Verhältnis klar zu verdeutlichen. Über eine bestimmte Formulierung, den Tonfall, die Stimmlage oder Gestik und Mimik drückt der Sender aus, wie er zum Empfänger steht und was er über ihn denkt. Im Gegensatz zur Selbstkundgabeebene enthält die Beziehungsebene Informationen über den Empfänger und das Verhältnis von Sender zu Empfänger, allerdings keine reinen Auskünfte über den Sender selbst und dessen Verfassung. Im Beispiel könnte die Nachricht demnach lauten: „Du brauchst meine Hilfe beim Autofahren." Das Beziehungsohr ist häufig für Kommunikationsstörungen verantwortlich, da eine falsch entschlüsselte Botschaft auf dieser Ebene leicht zur Kränkung des Gegenübers und somit zu trotzigen Reaktionen und dem Beginn eines Teufelskreises führen kann.

Um Kommunikationsprobleme zu vermeiden, ist es also wichtig, sich diese vier Ebenen bewusst zu machen und die richtigen Kanäle zur Interpretation und zur Formulierung eigener Botschaften zu wählen.

7.3 Die vier Phasen der Kommunikation

Ein sehr praxistaugliches Modell in der Führungsarbeit ist das unten abgebildete Modell der vier Phasen der Kommunikation. Ein häufiger Fehler von Kommunikation im Unternehmen ist es, dass man als Sender einer Botschaft immer davon ausgeht, dass diese Botschaft auch ankommt. Dies muss aber nicht so sein. Aufgrund von unterschiedlichen Rahmenbedingungen kann beispielsweise ein Empfänger eine Botschaft vielleicht gar nicht empfangen. Wenn der Vorgesetzte beispielsweise ein Mitarbeitergespräch einberuft und der Mitarbeiter mitten in einer wichtigen Projektphase ist, kann man nicht davon ausgehen, dass das Gesagte auch tatsächlich beim Empfänger ankommt, da dieser vielleicht nur physisch anwesend ist, aber überhaupt nicht zuhört.

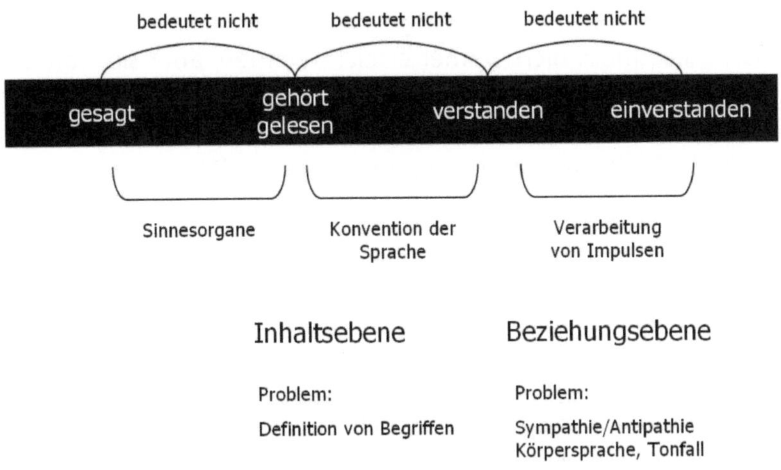

Abb. 18: Die vier Phasen der Kommunikation

Das heißt, dass allein aufgrund der Wahl des Gesprächsortes und der Terminierung Kommunikationsfehler programmiert sein können.

Wenn die Botschaft angekommen ist, dann ist wiederum nicht zwangsläufig davon auszugehen, dass die Botschaft auch verstanden wurde. Sprechen Sender und Empfänger beim Einsatz bestimmter Begrifflichkeiten auch vom selben? Betrachten wir nur einmal die verschiedenen Bedeutungen von „Marketing". Was ist dann also darunter zu verstehen, wenn der Vorgesetzte die Ausarbeitung einer „Marketingstrategie" von einem Mitarbeiter verlangt? Auch wenn sich dies nun ein wenig akademisch anhört, so ist doch die Definition von Begriffen von zentraler Bedeutung. Eine Führungskraft sollte immer wieder die Bedeutungsdimensionen von verwendeten Begriffen innerhalb des Teams und der Organisation abgleichen, damit jeder weiß, wovon der andere spricht.

Ein Einverständnis seitens des Empfängers mit der gesendeten Botschaft ist die letzte Phase. Diese muss nicht immer erreicht werden, aber sie wäre die beste Grundlage dafür, dass die Mitarbeiter motiviert sind und auch die gemeinsame Zielsetzung verstehen. Wenn das Einverständnis nicht herzustellen ist, so kann zumindest die Stufe des Verständnisses für bestimmte Dinge ausreichen.

7.4 Die Bedeutung von Botschaften

Wie am Beispiel von Schulz von Thun schon deutlich wurde, geht die Botschaft in der Kommunikation weit über das Vermitteln von reinen Sachverhalten hinaus. Selbstkundgabe, Beziehungsebene und Appell schwingen in den Botschaften mit. Dabei werden emotionale Anteile der Botschaft, die auf der Beziehungsebene liegen, parallel zur Sachbotschaft aufgenommen. Da nonverbale Kommunikation durch Auftreten, Gestik, Mimik etc. die ersten Botschaften vor dem Beginn der Sachinformation aussendet, ist die affektive Verarbeitung der

Beziehungsbotschaft über das vegetative Nervensystem in der Regel schneller verarbeitet als die rationale Sachinformation. Deshalb ist uns oft schon jemand sympathisch oder unsympathisch, bevor diese Person überhaupt auf der Inhaltsebene mit uns kommuniziert hat. Wichtig ist, dass Menschen ein feines, fast untrügliches Gespür dafür haben, ob ihnen etwas Angst macht, ob sie sich vor etwas fürchten müssen oder ob sie jemandem Vertrauen schenken können und sich auf ein Gegenüber verlassen können.

Vor allem die subjektive Interpretation von Botschaften führt immer wieder zu Kommunikationsproblemen. Denn neben dem Sachinhalt der Botschaft werden weitere Aspekte hinzu- oder hineininterpretiert. Vielleicht bestehen Vorurteile oder schlechte Erfahrungen aus der Vergangenheit oder man hat von Dritten gehört: „Du, vor dem musst Du Dich in Acht nehmen, ..."

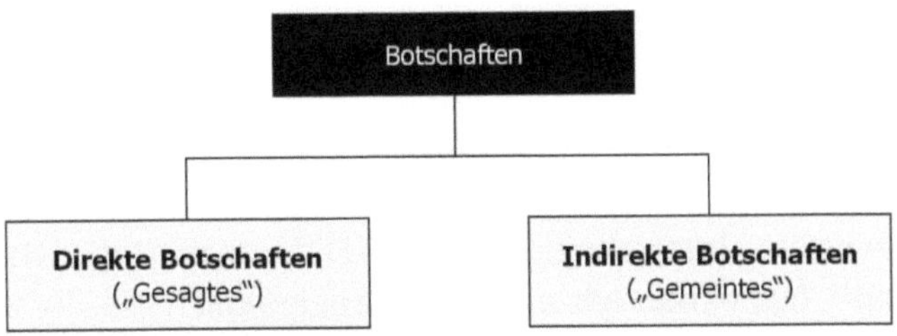

Abb. 19: Direkte und indirekte Botschaften

Die Abbildung zeigt eine mögliche Einordnung von Botschaften. Dabei sind vor allem die indirekten Botschaften von Bedeutung, also das Gemeinte, nicht das direkt Gesagte. Das Gemeinte an der Kommunikation ist das Gemeinte, denn hier befindet man sich der Ich- und Du-Botschaften. Die Ich-Botschaften betreffen die eigenen Ängste und Wünsche, die man aber nicht direkt formulieren möchte. Wenn zum Beispiel ein Mitarbeiter zu seinem Vorgesetzten sagen würde: „Jetzt sind schon drei Kollegen aus unserem Team mit eigenen Projekten betraut worden." – Die Selbstkundgabe lautet doch in diesem Falle: „Wann bin ich endlich an der Reihe, um eigene Projekte zu begleiten?". Der Chef könnte dies nun auch als Appell verstehen und sich rechtfertigen. Wenn die Botschaft, die der Mitarbeiter in unserem Beispiel abgeschickt hat, jedoch „nur" im dem Kerninhalt der Sachebene als neutrale Feststellung gedacht war, führt dies in der Praxis mitunter zu kuriosen Diskussionen.

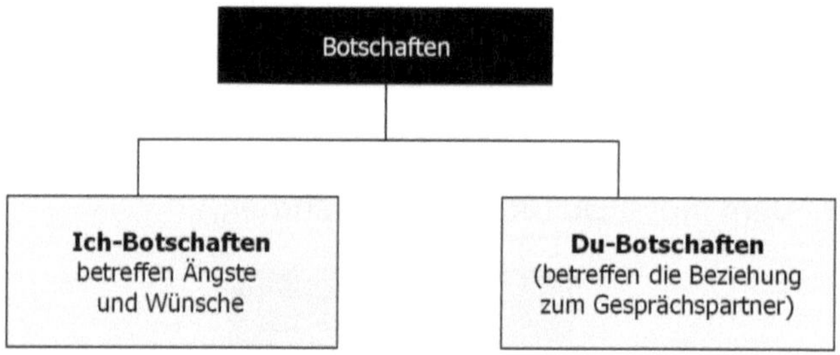

Abb. 20: Ich- und Du-Botschaften

Eine weitere zentrale Unterscheidung ist die Differenzierung zwischen Ich- und Du-Botschaften[22]. Dabei handelt es sich hierbei lediglich um die zwei deutlichsten Formen sprachlicher Hilfsmittel zu Selbstverbergung (Ich-Botschaften sind dadurch geprägt, dass sie den höchsten Anteil an Selbstkundgabe enthalten und daher deutlich die eigene emotionale Position (inkl. Wünsche und Ängsten) wiedergibt. Gerade im beruflichen Kontext möchten das viele Führungskräfte und Mitarbeiter/innen jedoch vermeiden, da sie es für unprofessionell halten. Die Folge sind Formen der „Selbstverbergung":

---

[22] vgl. Schulz von Thun 2011: 123ff.

a) Man-Sätze: Eine Form der entpersonalisierten Sprache („Man fragt sich schon, wie lange das noch gut geht."), bei der im Unternehmenskontext auch die Möglichkeit zur unklaren Zuordnung von Verantwortlichkeit zum Ausdruck kommt.
b) Wir: Die Kollektivierung im Rahmen dieser Form („Wir sind skeptisch gegenüber der neuen Gehaltsregelung.") entspricht selten der Realität, vermeidet aber den Konflikt innerhalb der Gruppe und lässt den Sprecher als Person in den Hintergrund rücken. Hier muss eine Führungskraft nachhaken, wer denn an dieser Stelle „wir" ist.
c) Es: Die scheinbare Versachlichung durch eine Pseudo-Objektivität liefern Aussagen nach dem Prinzip („Es hat sich nicht bewährt, wenn…"). Hier lohnt es sich, die Objektivität und Allgemeingültigkeit der Aussage zu hinterfragen.
d) Du-Botschaften: Dies ist gewissermaßen die Krönung der Selbstverbergung. Um nicht selbst als Akteur mit dem inneren Erleben in Erscheinung zu treten, werden die Botschaften so formuliert, dass sie scheinbar eine Aussage über den Gesprächspartner darstellen.

Du-Botschaft

Hier wird eine Aussage über die Beziehung zum Gesprächspartner getroffen. Wenn eine junge Führungskraft beispielsweise den Satz von (meist älteren) Mitarbeiter/innen hört: „Sie sind aber ein junger Vorgesetzter", könnte die eigentliche Botschaft lauten: Kann dieser junge Mensch das denn schon? Hat er genügend Erfahrung? Ist ihm diese Aufgabe zuzutrauen? Die Ich-Botschaft könnte dabei lauten: „Ich traue Ihnen das nicht zu." Dabei muss man in der Praxis jedoch vorsichtig sein, dass man aus einer Du-Botschaft nicht Ich-Botschaften entnimmt, die vom Sender so nie abgeschickt wurden und auch nicht beabsichtigt waren.

Eine Sensibilität zur Entschlüsselung möglicher Ich-Botschaften ist wichtig, weil viele Gesprächspartner sich nicht direkt ausdrücken können. In bestimmten Gesprächssituationen können erfahrene Menschen Hinweise aus den Botschaften der „Selbstverbergung“ entnehmen, z.B. die Bereitschaft zur Einigung, zum Kompromiss etc.

Ich- und Du-Botschaften

Für einen kompetenten Umgang mit Gesprächspartnern, insbesondere in Konfliktsituationen, ist es erforderlich, dass Sie mit Ich-Botschaften kommunizieren und Du-Botschaften vermeiden. Die Unklarheit einer Du-Botschaft, bei der die verborgene Ich-Botschaft der Wahrnehmung und Phantasie des Zuhörers überlassen bleibt, führt in der Regel zu einer Verschärfung der Konfliktsituation. Daher ist bei Vermittlungsgesprächen durch Vorgesetzte eine einfache Form der Mediation notwendig: Achten Sie darauf, dass alle Beteiligten das Problem bzw. den Streitpunkt in Ich-Botschaften und nicht in Du-Botschaften beschreiben.

Besonders interessant ist das, was NICHT kommuniziert wird. Hierbei handelt es sich häufig um peinliche, persönliche oder schwierige Themen, die beispielsweise direkt Mitarbeiter betreffen.

Indizien für unvollständige Kommunikation:

Sich-bedeckt-Halten

Offensichtlich wird diese Haltung, wenn man jemandem alles aus der Nase ziehen muss, wenn jemand nur auf Rückfragen reagiert und nichts selbst, beispielsweise in einer Arbeitsgruppe, beisteuert.

Gefälliges JA-sagen

Ein häufig zu beobachtendes Phänomen: Man sagt JA, um nicht NEIN sagen zu müssen. Oft wird dieses Mittel von Mitarbeiter/innen gegenüber ihren Vorgesetzten eingesetzt. Die Mitarbeiter/innen sagen schnell JA, damit die Führungskraft vielleicht wieder geht und sie „ungestört“ der eigenen Arbeit wieder nachgehen können. Wenn nun die Führungskraft aufgrund der Themenfülle das besprochene Thema (z.B. eine Aufgabe) vergisst, lernen die Mitarbeiter/innen, dass dies eine erfolgreiche Strategie ist, unnötige Diskussionen zu vermeiden.

Sie haben schon gesehen, dass vor allem Führungsstile, die die Mitarbeiter/innen an Entscheidungsprozessen teilhaben lassen, in besonderen Maße auf funktionierende interne Kommunikation angewiesen sind. Dies setzt wiederum einen verantwortungsvollen Umgang mit Informationen innerhalb der Organisation voraus.

7.5 Informationsmanagement

Die Ziele, die mittels Informationen erreicht werden sollen, können sehr vielfältig sein. Einige Aspekte der Informationspflicht sind sogar gesetzlich geregelt. So sind beispielsweise Betriebsversammlungen einzuberufen und abzuhalten, oder man denke nur an die jährlichen Hauptversammlungen von Aktiengesellschaften.

Allerdings kann mehr als die gesetzlich geforderten Informationen von den Führungskräften an die Mitarbeiter/innen vermittelt werden. Viele Unternehmen setzen auf partizipative Führungsmethoden. Das Informieren der Belegschaft ist deshalb umso wichtiger, da die Übertragung von Entscheidungsprozessen oder Innovationsprozessen vom Management an die Mitarbeiterschaft auch informierte Mitarbeiter/innen benötigt. Nur wenn Mitarbeiter/innen über möglichst viele relevante Themen informiert sind, können sie auch mit Eigenverantwortung handeln.

Für das Management in großen Unternehmen ist es nahezu unmöglich, das gesamte für die Entscheidungsprozesse nötige „Wissen" immer aktuell abrufen zu können. Hier ist es die Aufgabe des Informationsmanagements, durch strukturierte Kommunikation oder mit Hilfe von Datenbank- und Informationssystemen das gerade benötigte Wissen an Entscheidungsträger weiterzuleiten.

Vor allem bei der Begleitung von Veränderungsprozessen kommt dem Informationsmanagement eine zentrale Bedeutung zu. Viele Praxisbeispiele zeigen, dass schlecht kommunizierte Veränderungen negativen Einfluss auf die Arbeit und die Moral der Mitarbeiter/innen haben.

7.6 Kanäle der internen Kommunikation

Die Auswahl des richtigen Kommunikationskanals hängt vor allem von der Anzahl der Sender einer Botschaft, deren Wichtigkeit sowie den damit verbundenen Zielen oder Aufgabenstellungen ab. Die mündliche Kommunikation ist prinzipiell die beste Methode für Kommunikation, da sie eine direkte Rückmeldung der Gesprächspartner zulässt. Wegen der oft knapp bemessenen Zeit von Führungskräften können aber häufig nur wenige Kommunikationsprozesse durch persönliche Gespräche erfolgen. Deshalb sind Hilfsmittel der Kommunikation unerlässlich. Telefon- und Videokonferenzen, E-Mail- und Adressverwaltungsprogramme sowie weitere elektronische Medien wie das internetbasierte „Intranet", aber auch Briefe/schriftliche Mitteilungen bestimmen in der heutigen Zeit einen großen Teil der internen Kommunikation.

Das Intranet eignet sich durch die nur für interne Zielgruppen zugängliche Bündelung von Inhalten als eine interessante Informationsplattform für die Führung, die Informations- und Arbeitsprozesse in manchen Fällen bereits effizient gestalten kann. Das dem Intranet zugrundeliegende Holschuld-Prinzip begrenzt jedoch die Themenpalette, für die es geeignet ist, auf solche Themen, die von der Zielgruppe der Mitarbeiter/innen aufgrund der eigenen Motivation nachgefragt werden.

In größeren Unternehmen dient das Intranet oft auch als eine Art „internes Social-Media-Netzwerk", über das beispielsweise der Betriebssport terminiert werden kann oder Mitarbeiter/innen persönliche Gegenstände kaufen oder verkaufen können. Zudem gibt es in vielen größeren Unternehmen eine Mitarbeiterzeitung oder ein Mitarbeiterfernsehen, durch die sich jede/r über aktuelle Entwicklungen informieren kann, aber auch Ziele und Werte vermittelt werden können und die außerdem meist ein stärkeres Zusammengehörigkeitsgefühl bewirken.

Risiken und aktuelle Problemstellungen

Die Kommunikation in Unternehmen ist oft durch persönliche und strukturelle Kommunikationsbarrieren gestört. Persönliche Faktoren einzelner Akteure sind beispielsweise die Fähigkeit zur Kommunikation im sozialen und geschäftlichen

Umgang mit Kollegen/innen, Führungskräften und Weisungsbefugten und können den Kommunikationsprozess stören. Es geht dabei nicht nur um die Möglichkeit, die eigene Position darzustellen und sich auszudrücken, sondern – gerade auch bei dominanten und extrovertierten Führungskräften – um die Fähigkeit zuzuhören. In diesem Zusammenhang sind Belastungen der Beziehungsebene (z.B. Spannungen und persönliche Probleme zwischen Vorgesetzten und Mitarbeiter/innen) ein Störfaktor für das Gelingen von Kommunikation.

Strukturelle Faktoren wie eine stark ausgeprägte Hierarchie und autoritäre Führung wirken sich in der Regel negativ auf die interne Führungskommunikation aus. Unsicherheit bei den Mitarbeiter/innen durch strukturelle Unklarheiten (z.B. durch Veränderungsprozesse im Unternehmen) erschweren genauso die Kommunikation wie technische, organisatorische oder räumliche Barrieren.

7.7 Rhetorik für Führungskräfte

Rhetorik, die Redekunst, bei der das Verhältnis von Inhalt und Form einer Rede aufeinander abgestimmt wird, ist eigentlich ein zentrales Kompetenzfeld von Führungskräften. Denn die schönsten Pläne und Strategien einer Führungskraft werden nur wenig bewirken, wenn man sie nicht so darstellen kann, dass man die Mitarbeiter/innen persönlich erreicht. Dennoch wird in der traditionellen akademischen Managementausbildung dieser Themenbereich eher kursorisch behandelt. Als Vorbereitung auf die Praxis empfiehlt sich jedoch eine tiefergehende theoretische und auch praktische Auseinandersetzung mit diesem Thema. Im Folgenden soll beschrieben werden, aus welchen Teilgebieten sich die Rhetorik zusammensetzt und welche Bedeutung diese haben.[23]

---

[23] vgl. u.a. Vogt 2010: 15

Sprechstil

Der Sprechstil gehört zum formalen Bereich der Rhetorik. Mit den Elementen Satzlänge, Satzbau, und Wortwahl orientiert er sich am Anlass. Ein wichtiger Aspekt ist dabei die Angemessenheit des Sprechstils für die Zielgruppe. Mit kurzen klaren einfachen Sätzen und einer verständlichen Wortwahl vermeiden Sie es, Teile der Zuhörerschaft auszuschließen.

Sprechtechnik

Sprechtechnik, vor allem die Betonung der Worte („Monotonie ist der Tod jeder Rede"), Sprechtempo und Klangfarbe sind ein weiterer Bestandteil der formalen Rhetorik. Kurze im Klangbild klare Sätze, ein angemessenes Sprechtempo, das durch Variation und Dynamik den Inhalt unterstreicht sowie ein sparsamer Gebrauch rhetorischer Figuren (Wiederholung, Steigerung etc.) sind in vielen Fällen empfehlenswert. Angespannte Redende haben oft bei „offiziellen Anlässen" eine um mehrere Tonwerte nach oben verschobene Stimme, die von der Klangfarbe verkrampft und angestrengt und wenig souverän wahrgenommen wird. Auch das Sprechen im hinteren Rachenraum das sogenannte „knödeln", wie es beispielsweise Ex-Bundespräsident Wulff bei offiziellen Statements zelebrierte, wird als weniger angenehm und authentisch wahrgenommen.

Kinesik

Die Kinesik oder auch Körpersprache ist ein weiterer Einflussfaktor auf die Wirkung einer Rede. Zur Körpersprache gehören: Stand, Haltung sowie Mimik und Gestik. Molcho schreibt zur Bedeutung der Körpersprache: „Körpersprache [...] benennt nicht, sondern bezeichnet, in ihr wird der Vorgang der Umcodierung von Gedanken in Materie sichtbar."[24] Der Psychologe Albert Mehrabian ermittelte, dass aus dem Klang der Stimme 38% und aus der Körpersprache 55% der Informationen bezogen werden können. Daher müssen Führungskräfte sich stets prüfen, ob die Einheit von Körper und Geist, die der Körpersprache zugrunde liegt einen authentischen Auftritt ermöglicht oder nicht. Ein entsprechendes Seminar während des Studiums oder zu Beginn der Berufslaufbahn, wenn man als Teilnehmer/in noch keinen Statusverlust befürchten muss, kann helfen, ein Gefühl für den Bereich der bewussten und vor allem für den dominierenden Sektor der unbewussten Körpersprache zu entwickeln.

Zur Rhetorik gehören neben den gerade geschilderten formalen Aspekten auch die sogenannten „rhetorischen Stilmittel", wie z.B. die Einwandvorwegnahme (Prolepsis) oder das Wortspiel, die die Wirkung von Redebeiträgen deutlich steigern können. Auch hier empfiehlt es sich, möglichst „in jungen Jahren" an Kursen und Trainings zu diesem Thema teilzunehmen, damit Sie künftig diese Kenntnisse trainieren und als authentischen Teil Ihres Auftretens nutzen können.

7.8 Business-Knigge für Führungskräfte

Beispiel *aus der Seminar- und Beratungspraxis*

Der Kollege aus der Buchhaltung, mal wieder zu spät im Jour fixe und wie immer mit einer deftigen Rauchwolke umgeben, tippt wie wild die ganze Besprechung lang auf seinem Blackberry herum, ist offensichtlich nicht bei der Sache und sendet E-Mails mit Betreffzeilen: „FWD: FWD: RE: Schau mal!"

[24] Molcho 1988: 20

Wie geht man als Führungskraft mit solchen Situationen um? Wir wollen mit einigen Tipps aufzeigen, wie man Kolleg/innen, Mitarbeiter/innen und Kund/innen respektvoll gegenübertritt.

Im Durchschnitt dauert es lediglich 3 Sekunden, bevor wir uns entscheiden, ob uns eine unbekannte Person sympathisch ist. Dies bestätigte eine US-amerikanische Studie aus dem Jahr 2005.[25] Wie im Privatleben ist auch im Berufsleben der erste Eindruck entscheidend.

Die Begrüßung

Zu einem gelungenen ersten Eindruck gehört neben einem gepflegten Aussehen der kräftige Händedruck. Er signalisiert Selbstbewusstsein, Offenheit und Vertrauen und eröffnet so das Kennenlernen. Eine entscheidende Spielregel, die beachtet werden muss, ist die Reihenfolge, wer wem die Hand reicht. Ein Händedruck ist nach einer verbalen Begrüßung in Deutschland zwar die Normalität, der Rangniedrigere sollte aber dennoch warten, bis ihm die Hand gegeben wird. Dennoch sollte ein angebotener Händedruck nicht ohne inhaltlichen Grund (Prozessgegner vor Gericht o.ä.) verweigert werden.

Immer die Person, die einen Raum betritt, begrüßt diejenigen, die schon anwesend sind. Wie sieht nun aber die „Rangfolge" aus? Eine Frau hat gegenüber einem Mann den höheren Rang, ein Fremder gegenüber einem Bekannten und ein Älterer gegenüber einem Jüngeren. Wenn eine Gruppe begrüßt wird, zu der man neu hinzukommt, kann es jedoch auch opportun sein, „reihum" zu begrüßen statt zwischen einzelnen Rangplätzen hektisch hin- und herzuspringen. Im

---

[25] vgl. Quittschau/Tabernig 2007: 6

geschäftlichen Umfeld gilt der Kunde als ranghöchster Gesprächspartner – übrigens unabhängig vom Geschlecht.

Auch bei der Vorstellung der eigenen Person gibt es Regeln zu beachten. Möchte ich mich beispielsweise als neue/r Mitarbeiter/in oder Vorgesetzte/r vorstellen, stelle ich mich mit Vor- und Zunamen vor. Die Vorstellung der eigenen Person mit „Ich bin Herr Meier“ wäre falsch.

Weit verbreitet ist immer noch der Irrglaube, dass Frauen bei der Begrüßung sitzen bleiben können. Dies gilt im heutigen Berufsleben nicht mehr. Das Aufstehen symbolisiert Respekt und ist damit für beide Geschlechter eine angemessene Geste, um Barrieren einer falschen Rollenzuordnung abzubauen und Konversationen auf Augenhöhe zu führen.

Anrede

Peinliche Situationen während eines Gesprächs, hervorgerufen durch einen falsch ausgesprochenen Namen oder durch den völlig Falschen, lassen sich vermeiden. Die korrekte Anrede lautet in Deutschland Frau/Herr Nachname. Spricht man den Gesprächspartner im Laufe der Konversation wiederholt mit Namen an, kann dies in der richtigen Dosis eine geeignete Art sein, Aufmerksamkeit und Respekt zu zeigen. Man sollte sich stets vergewissern, den Namen des Gegenübers richtig verstanden zu haben, weswegen es beim ersten Kontakt keinesfalls unhöflich wirkt, ein zweites Mal nachzufragen. Sollte der Name eines Geschäftspartners anschließend doch vergessen werden, ist die angemessenste Variante, darauf direkt hinzuweisen. Mit Sätzen wie „Unser letztes Gespräch war sehr interessant, aber entschuldigen Sie, könnten Sie mir nochmals Ihren Namen verraten?“ lassen sich diese Gedächtnislücken adäquat schließen.

Besondere Aufmerksamkeit sollte man Kontakten mit zusätzlichen Titeln schenken. So wird beispielsweise bei akademischen Graden nur der höchste Titel genannt. Ein Prof. Dr. Müller wird folglich formal korrekt mit „Guten Morgen, Herr Professor Müller" begrüßt. In aller Regel werden die so angesprochenen allerdings ihnen mitteilen, dass ein normales „Herr Müller" ausreichend wäre. Sollte der Gesprächspartner außerdem einen Adelstitel tragen, wird dieser nach dem akademischen Grad genannt.

Wie bereits dargestellt, ist die deutsche Anrede sehr förmlich. Ebenso verhält es sich mit den ungeschriebenen Regeln zum Thema Duzen und Siezen. Auch wenn diese unter Umständen orts-, branchen- und unternehmensabhängig sein können, ist das „Sie" bei einem Erstkontakt Pflicht.

Insbesondere in der Medienbranche herrscht eine verstärkte Duzkultur, bei Banken oder der Automobilbranche dagegen wird entsprechend der stärker ausgeprägten Hierarchiestufen durchweg gesiezt. Dabei unterscheiden sich in den Unternehmen die Abteilungen und Bereiche. Was in einer Redaktion aufgrund des kollegialen Klimas üblich ist, muss noch lange nicht der Konvention in der Buchhaltung entsprechen. In jedem Fall ist das „Sie" solange beizubehalten, bis ein „Du" vom Ranghöheren angeboten wird. Generell darf das „Du" freundlich abgelehnt werden. Dies tut man idealerweise mit dankenden, aber auf das professionelle Umfeld hinweisenden Umschreibungen. Bedacht werden sollte, dass das Angebot vermutlich kein zweites Mal gemacht wird. In unerwarteten Situationen ist es ratsam, abzuwarten, ob der Gesprächspartner beim „Du" bleibt oder nur der Situation entsprechend duzte.

Wie bereits erwähnt, findet man vor allem in der Medien- und Kommunikationsbranche eine verstärkte Duzkultur. Dadurch können Situationen entstehen, die schnell unangenehm werden. Eine solche kann das Kundenmeeting sein. Auch wenn sich Mitarbeiter untereinander duzen, ist besonders bei diesen Meetings auf die geeignete Wortwahl zu achten: Man wechselt zur dritten Person, sobald man mit dem Kunden über oder von einem Mitarbeiter spricht, kann ihn aber in der direkten Ansprache auch vor dem Kunden weiterhin duzen. Es sollte also nie heißen: „Anja ist Ihre Ansprechpartnerin für die Finanzierung, Herr Maier.", aber es ist kein Fehler, auch in Gegenwart des Kunden die eigene Mitarbeiterin zu fragen „Anja, könntest du uns bitte noch auf den neuesten Stand bringen?"

Pünktlichkeit

Zu den essentiellsten Verhaltensregeln im privaten und gesellschaftlichen Umfeld zählt die Pünktlichkeit. Die Zeit ist zu einem der teuersten und wertvollsten Güter der Menschen geworden, daher gilt: „Wer anderen Aufmerksamkeit und Respekt entgegenbringt, wird ebenfalls geachtet. Und das gilt auch beim Umgang mit der Zeit."

Unpünktlichkeit gilt es in jedem Fall zu vermeiden. Bei vereinbarten Terminen außer Haus sollten daher alle denkbaren Komponenten und mögliche Störfaktoren bei der Anreise bedacht werden. Lässt sich eine Verspätung nicht vermeiden, ist dies zumindest einem weiteren Teilnehmer des Meetings sobald als möglich mitzuteilen. Falls das Treffen ohne die eigene Person nicht beginnen kann, kann den Wartenden so die Möglichkeit geboten werden, die Zeit sinnvoll zu nutzen und anderen Tätigkeiten nachzugehen. Bei der Ankunft ist eine Entschuldigung unumgänglich. Generell empfiehlt es sich, einen kurzen Grund für die Verspätung zu nennen, ist dieser aber nicht glaubwürdig oder angemessen, sollte man auf die reine Entschuldigung des Zuspätkommens zurückgreifen.

Gerade in Deutschland gilt das ungeschriebene Gesetz, wenn möglich, fünf Minuten vor der vereinbarten Uhrzeit vor Ort zu sein. Dies gilt für externe sowie interne Gespräche gleichermaßen. Vor allem bei unternehmensinternen Terminen, und seien es nur kurze Abstimmungsgespräche zwischen wenigen Kollegen, sollte dies bedacht werden. Häufig vernachlässigt man gerade bei diesen kollegialen Terminen den Faktor Pünktlichkeit.

Die Besprechung

Es gibt Themen und zu fällende Entscheidungen, die nicht via Telefon oder E-Mail zu erledigen sind. Daher nehmen Meetings und Besprechungen einen großen Raum ein und gehören zu den teuersten Kommunikationsmitteln eines Unternehmens. Da viele Mitarbeiter Besprechungen oft als lästig empfinden und gerade Führungskräfte mit wenig Zeit von Termin zu Termin laufen, müssen diese gut vorbereitet und effizient gestaltet werden. Häufig bildet schon die Terminfindung die erste große Hürde, weswegen nur Personen geladen sein sollten, die zum Erfolg des Treffens bzw. zur Entwicklung des Themas beitragen können. Ist ein Termin gefunden und eine Zeitspanne festgelegt, gehört es zu den Aufgaben der Teilnehmer, sich entsprechend vorzubereiten. Zu diesen Vorbereitungen zählen das Lesen vorheriger Besprechungsprotokolle, die allgemeine Einarbeitung in das zur Diskussion stehende Thema, die Sicherstellung der Pünktlichkeit oder auch die Aufarbeitung eigener Inhalte. Unvorbereitete Meetingteilnehmer halten auf und werden ungerne gesehen. Der Moderator des Meetings hat vorgeschaltet zur Aufgabe, eine Tagesordnung zu erstellen, die organisatorische Vorarbeit des Treffens zu leisten sowie den konfliktfreien und effizienten Ablauf des Termins im Blick zu behalten.

Während des Meeting sind Verhaltensregeln einzuhalten, die im Grunde selbstverständlich sein sollten und zum respektvollen Miteinander gehören. Aufmerksamkeit anderen gegenüber sowie konstruktives Verhalten stehen hierbei ganz oben. Kollegen lässt man aussprechen, eigene Einwände formuliert man positiv und das Handy sollte mindestens lautlos gestellt sein, dringende Telefonate werden außerhalb des Meeting-Raums wahrgenommen. Gerade Führungskräfte sollten diese Grundlagen beherrschen, um ihrer Vorbildfunktion in vollem Maße nachzukommen. Die effiziente Besprechung wird durch ein mit To-Do's versehenes Protokoll, das allen Teilnehmern zur Verfügung gestellt wird, abgerundet.

Regeln für Besprechungen

- Tagesordnung/Agenda (am besten vorab per E-Mail)
- ständiger Agendapunkt (offene Punkte „vom letzten Mal")
- Unterlagen für komplexe Dinge (am besten vorab per E-Mail)
- Moderation und Zeitrahmen (Klarheit für alle Beteiligten)
- Detaildiskussionen separieren (Aufgabe des Moderators)
- keine bilateralen Agendapunkte (verhindert Längen)
- Zusammenfassung bei jedem Tagesordnungspunkt
- klare Beauftragung (Wer, Wann, Was)
- Ausblick auf Zukunft (nächste Schritte)
- Protokoll (am besten zeitnah)

Quelle: vgl. Breyer-Mayländer 2006: 62.

Das Telefonat

Neben dem persönlichen Gespräch in Besprechungen ist das Telefon ein wichtiges Kommunikationsmittel. Eine klare und freundliche Stimme und ein angemessenes, nicht zu schnelles Gesprächstempo, aufmerksames Zuhören sowie die geeignete Wortwahl sind hierbei die Voraussetzung für ein gelungenes Gespräch. Eingangs steht, egal ob man anruft oder angerufen wird, die Begrüßung. Auch wenn es leider noch nicht vorausgesetzt werden kann, lautet die korrekte Meldung am Telefon: Tagesgruß, Name des Unternehmens, eigener Vor- und Nachname. Der eigene Name wird als letztes genannt, da der Gesprächspartner diesen so am besten erinnern kann. Zu unterlassen sind bei geschäftlichen Telefonaten Tätigkeiten wie Essen, Trinken oder auch das Erledigen anderweitiger Computerarbeit. Darüber hinaus gelten für Telefonate ähnliche Verhaltensregeln wie auch für Besprechungen bzw. direkte Gespräche. Aufmerksamkeit, Zielgerichtetheit und respektvoller Umgang gehören auch hier zum guten Auftreten. Die Vorbereitung eines Telefonates ist darüber hinaus ebenso wichtig wie die eines Meetings. So kann das Anliegen schlüssig vermittelt, Gesprächsziele erreicht und Vereinbarungen getroffen werden. Gerade für letztere sind Gesprächsnotizen unverzichtbar. Die Inhalte wichtiger Telefonate sind immer festzuhalten und Abmachungen am Ende des Telefonats gegenseitig nochmals zu bestätigen. Sollten über ein Gespräch hinaus beispielsweise Termine entstehen, empfiehlt es sich, diese nochmals schriftlich zu bestätigen.

Auch für die Handhabung eines Mobiltelefons im Geschäftsleben gelten einige Regeln. Die wichtigste wurde schon angesprochen: Während einer Besprechung ist der Lautlos-Modus des Handys Pflicht. Erwartet man einen dringenden Anruf, ist dies den Besprechungsteilnehmern im Voraus mitzuteilen, so klärt sich auch das kommentarlose Verlassen des Raumes. Auch das Abrufen von E-Mails sollte am eigenen Arbeitsplatz oder unterwegs geschehen, nicht aber während eines Termins.

Die E-Mail

Die sogenannte Netiquette bzw. der E-Mail-Knigge hält Verhaltensregeln im E-Mail-Verkehr fest. Vor Augen halten sollte man sich hierbei stets: Die beste

E-Mail ist die, die nicht geschrieben werden muss. Das gilt für zu trivialen Inhalt ebenso wie für zu komplexen, in beiden Fällen ist mit dem Griff zum Telefon das Problem meist schneller und einfacher gelöst. Beim Verfassen einer E-Mail sollte man die gleiche Sorgfalt walten lassen wie auch bei Geschäftsbriefen. Wichtig sind neben der korrekten Anrede eine formelle Verabschiedung, eine ordentliche Orthographie und auch eine Signatur, die alle wichtigen Kontaktdaten zum Unternehmen und der eigenen Person enthält. Beim Versand der E-Mail sollte im Vorab kurz der Inhalt strukturiert werden. Nicht nur der inhaltliche rote Faden trägt maßgeblich zum Verständnis bei, auch Absätze und ein kurzer einfacher Satzbau helfen dem Leser erheblich. Am Anfang jeder E-Mail steht jedoch der Betreff. Dieser sollte aussagekräftig und dennoch so kurz wie möglich sein. Die Empfänger möchten direkt wissen, was sie erwartet, andernfalls werden E-Mails häufig schon gar nicht mehr geöffnet. Das gilt auch für viele Weiterleitung oder cc-Mails.

Im Empfängerfeld werden alle Personen eingetragen, die direkt von der E-Mail betroffen sind oder Handlungsanweisungen bekommen. Hier sollten nicht zu viele Personen stehen, da sich im Ernstfall folglich niemand für die Erledigung der genannten Aufgaben verantwortlich fühlt. In der cc-Zeile, der Kopie, können Kollegen und Mitarbeiter eingetragen werden, die die E-Mail zur Kenntnis erhalten sollen, an welche aber keine direkten Aufgaben übergeben werden. Auf das Verwenden der BCC-Zeile, der Blindkopie, sollte im Rahmen einer transparenten Unternehmenskommunikation weitestgehend verzichtet werden. Alle anderen Empfänger sehen nicht, wer in dieser Zeile geführt wird, weswegen sie häufig zur übermäßigen Kontrolle missbraucht wurde. Gerade in einer Führungsposition sollten solche Schikanen unterlassen werden.

Ein **Beispiel** aus der Praxis

In der Affäre um den damaligen Bundespräsidenten Wulff spielte der niedersächsische Finanzminister Möllring die Rolle des „Chefaufklärers". Er verhielt sich in der Kommunikation zum Teil sehr zweifelhaft. Zum Beispiel sagte er in eine laufende Kamera, dass er sich vom damaligen Sprecher des Bundespräsidenten, Olaf Glaeseker, „beschissen" fühlt. Aus einem E-Mail-Verkehr zwischen Glaeseker und dem Partyveranstalter Wolfgang Schmidt, der für das Eventmanagement des früheren Ministerpräsidenten Wulff zuständig war, wurde bekannt, dass sich die beiden mit „Generalfeldschnulli" und „Oberschnulli" angeredet hatten.

Die Liste der Kommunikationsverfehlungen in diesem Falle ist noch sehr erweiterbar. Es zeigt sich, dass es stets sinnvoll ist, sich im Sinne eines guten Business-Knigge auszudrücken.

Quelle (faz.net vom 29.1.2012)

Schließlich noch folgender wichtige Hinweis: Dinge, die Sie als informelle Absprache nicht in eine entsprechende Akte (Personalakte, Projektakte etc.) legen und dokumentieren wollen, haben auch bei noch so informellem E-Mail-Kontakt keinen Platz. Genau diese schriftlichen Festlegungen können Ihnen später ggf. entgegengehalten werden.

Vor allem Menschen in Führungspositionen, die täglich mit einer unüberschaubaren Menge an E-Mails konfrontiert werden, sollten sich angewöhnen, das E-Mail-Programm für Konzentrationsphasen und im Privaten gänzlich zu schließen, was im Zuge der technischen Möglichkeiten von Smartphones vielen Führungskräften schwerfällt. E-Mails lenken und halten von anderer wichtiger Arbeit ab, daher gilt auch: E-Mails müssen im Allgemeinen nicht sofort beantwortet werden – es sei denn, es sind wichtige Inhalte. Hier ergibt sich ein Dilemma: Den

Inhalt und die Wichtigkeit einer Mail kann man natürlich nur beurteilen, wenn man die sie vorher gelesen hat.

Zusammenfassung

- Achten Sie bei Ihrer Gesprächsführung auf die unterschiedlichen Botschaften.
- Die vier „Ohren" nach Schulz von Thun (Sachinformation, Selbstkundgabe, Appell und Beziehungsebene) helfen Ihnen bei der Analyse.
- Vermeiden Sie Du-Botschaften, insbesondere bei kritischen Gesprächssituationen (z.B. Konflikte).
- Setzen Sie Ihre Kommunikationskanäle gezielt und konsequent ein (Gespräch, E-Mails etc.).
- Achten Sie auf Spielregeln und Etikette.
- Nutzen Sie immer wieder die Chance, Ihre kommunikativen Fähigkeiten zu trainieren (hier lernt man nie aus).

8 Was tun, wenn‘s kracht?

„Man muss den Punkt kennen, bis zu dem man zurückweichen darf."

Ernst Jünger

Zentrale Ziele dieses Kapitels

- Konflikte als Alltagsphänomen verstehen lernen
- Konfliktphasen und Konfliktstrukturen kennenlernen
- Konfliktlösungsmechanismen verstehen lernen
- den Ablauf und die Vorbereitungen für Kritikgespräche kennenlernen

Schlagworte

- Konfliktfähigkeit, Konfliktscheu, Harmonie
- Konfliktbehandlung, Sach- und Beziehungsebene
- Konfliktanalyse, Kritik

Beim Thema Konfliktmanagement zeigt die Praxis in den Unternehmen häufig ein grundsätzliches Missverständnis beim Begriff des Konflikts, aber auch im Umgang mit der Sache selbst. Konflikte beschreiben zunächst nicht mehr und nicht weniger als gegensätzliche Interessen, die miteinander im Widerstreit stehen. Dies kann auch die Diskussion über die besten Verfahren und Lösungen beinhalten.

An dieser allgemein gehaltenen Definition kann man schon erkennen, dass Konflikte keinesfalls immer etwas Negatives sein müssen. Es wird keine produktive Zusammenarbeit in einem Unternehmen geben, bei der nicht Konflikte an der Tagesordnung sind, wenn unterschiedliche Lösungen für ein gemeinsames Projekt gesucht werden oder wenn es konkurrierende Ziele bei der Verwendung von Ressourcen gibt. In jeder Organisationsform gibt es grundsätzlich Konflikte, es kommt nur darauf an, wie man mit ihnen umgeht. Löst man die Konflikte kollegial in einem konsensorientierten Sinn? Lässt man die Konflikte zu oder produziert man durch die Unterdrückung von Auseinandersetzungen eine Reihe schwer kontrollierbarer verdeckter Konflikte. Es ist eine Führungsaufgabe, den richtigen Umgang mit Konflikten für sich selbst, aber auch für das zu führende Team herbeizuführen.

Problematisch sind aus der Perspektive der Mitarbeiter/innen und der Führungskräfte die Konfliktsituationen, in denen die Beteiligten den aufkommenden Konfliktstress nicht mehr problemlos bewältigen können. Dies wird auch als „sozialer Konflikt"[26] bezeichnet.

Wenn wir Führung als „Fremdwillensdurchsetzung" begreifen und dies wird es, ob auf kooperativer oder autoritärer Ebene, immer wieder im Kern sein, dann sind Konflikte zwangsläufige Begleiterscheinungen der Führungsarbeit. Lassen Sie Konflikte als wesentlichen Teil der produktiven Auseinandersetzung in der Gruppe zu, aber definieren Sie Spielregeln und achten Sie auf deren Einhaltung. Dies bedeutet, dass Sie für sich zunächst die Struktur und den typischen Verlauf von Konflikten klären müssen. Das Unternehmen ist im Regelfall nicht die Konfliktursache.

---

[26] vgl. Glasl 2006: 2991

Konfliktpotenzial in Organisationen entsteht häufig aus:

- Identitätsfragen der Organisation
- Strategiefragen innerhalb der Organisation
- Beziehungsgeflecht zwischen Mitarbeiter/innen und Führungskräften
- Gruppenstrukturen
- ehemalige und neue Rollen und Strukturen bei Veränderungsprozessen

Dabei muss jeder Führungskraft klar sein, dass sich das Potenzial an Konfliktstoffen, jenseits der nahezu unerschöpflichen Variationen zwischenmenschlicher Konflikte, auch im Rahmen des Lebenszyklusses einer Organisation durch diese Organisation selbst ergeben kann.

An dieser Stelle gleich ein wichtiger Hinweis aus der Beratungspraxis: Viele Konflikte, die Sie als Führungskraft haben werden, sind nicht in erster Linie mit Ihrer Person, sondern mit Ihrer Funktion verbunden. Daher ist es wichtig, dass man sich nicht jede Auseinandersetzung im sprichwörtlichen Sinne „zu Herzen" nimmt. Wer ein ausgeprägtes Harmoniestreben besitzt, empfindet die vielen Auseinandersetzungen im Rahmen der Führungsarbeit schnell belastend. Hier muss man sich als Führungskraft um eine professionelle Distanz bemühen, um nicht Gefahr zu laufen, gesundheitliche Probleme in Folge des subjektiven Stressempfindens zu riskieren.

8.1 Typischer Konfliktverlauf

Konflikte können nach ihrem zeitlichen Verlauf und den Konfliktursachen kategorisiert werden.

- Konfliktentstehung (Latenzphase): unbewusste Entstehung (Grundstein für Konflikt ist gelegt)
- Konfliktregistrierung (kognitive Phase): Konflikt wird bewusst
- Konfliktpersonalisierung (Empfindungsphase): gefühlte Konflikte; Aktivierung von Emotionen
- Konfliktmanifestierung (Reaktionsphase): Aggression, Passivität, Defensive etc.
- Konfliktfolgen (Nachwirkungsphase): fehlerhafte Konfliktbehandlung als Grundstein für neue Konflikte

In der nachfolgend gezeigten Abbildung wird schnell deutlich, wo viele Probleme beim Umgang mit Konflikten im Unternehmen liegen. Insbesondere die Unterdrückung und Verleugnung eines Konflikts birgt das Problem eines verdeckten Konflikts, der lange Zeit unerkannt „schlummert", sich dann aber bei passendem Anlass voll entfaltet. Dies ist ein Konflikttypus, der häufig vorkommt, aber selten bemerkt wird, da der Konflikt nicht eben offen zutage tritt. Die Unstimmigkeiten, die im Rahmen der Zusammenarbeit beispielsweise in der Gruppe spürbar sind, werden im Sinne einer Teamideologie meist mit einem vordergründigen Wir-Gefühl kaschiert, so dass keine offene Sachdiskussion stattfindet. Die Phase, in der die unterschiedlichen Sichtweisen aufgrund von Rollen-, Sach- oder kulturellen Konflikten diskutiert werden könnten, bleibt damit ungenutzt. Gerade in jüngeren Teams findet man diesen Zwang zur vordergründigen „Harmonie". Er kann entweder zu kritikloser Akzeptanz aller Arbeitsschritte und

Sichtweisen der anderen führen, was negativ auf das Arbeitsergebnis durchschlägt, oder aber er führt zu einer unterschwelligen Eskalation. Der ungeklärte Konflikt wird auf Basis des meist geringen ursächlichen Sachkonflikts zum großen Konfliktherd. Nun genügt ein geringfügiger Anlass, um den Betroffenen zu einer meist emotional äußerst heftigen Reaktion zu veranlassen.

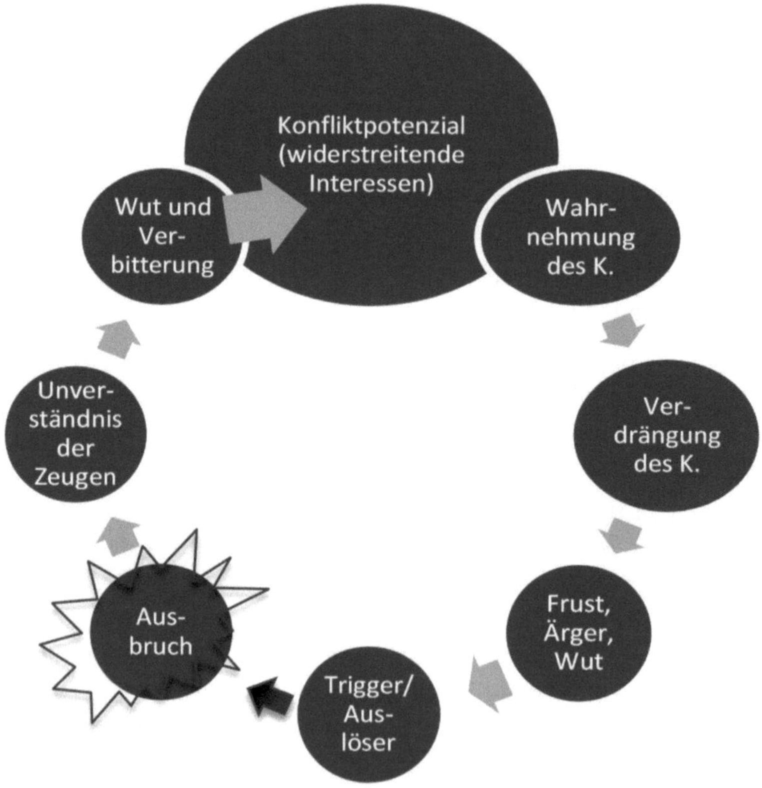

Abb. 21: Der Konfliktkreislauf

__Beispiel__ aus der Seminar- und Beratungspraxis

Eine Projektgruppe arbeitet seit drei Monaten harmonisch zusammen. Die Abstimmung über einen Termin veranlasst ein Mitglied der Projektgruppe zu einem groß angelegten Wutausbruch, mit dem Hinweis, man würde ihn und seine Belange zu wenig ernst nehmen. Hintergrund ist der ungeklärte Konflikt über die Bewertung der Ergebnisse der ersten Projektphase, die bereits drei Wochen zurückliegt. Da hier dann meist das Umfeld mit völligem Unverständnis auf die „übertriebene Reaktion" reagiert, kommt es im Ergebnis häufig zu einer Verhärtung der Fronten.

An dieser Stelle ist es sinnvoll, sich über die Konfliktursachen Gedanken zu machen. Typische Konfliktursachen sind:

- Diskrepanz von Wertvorstellungen und Werthaltungen
- Diskrepanz von Motiven, Gefühlen, Individualzielen
- Wettbewerb um knappe Ressourcen
- unvollständige Information
- formale Konfliktursachen: Kompetenzunklarheiten, Abweichungen von Rollenbeschreibungen etc.

Für die Lösung und Begrenzung von Konflikten im Rahmen der Führungsarbeit im Unternehmen ist es daher von entscheidender Bedeutung, sich über das Stadium des Konflikts und die Ursachen Klarheit zu verschaffen. Die breite Palette verschiedener Konfliktursachen zeigt jedoch bereits auf, dass es unterschiedlich schwer ist, Konflikte einer Lösung zuzuführen. Während formale Konfliktursachen auch formal lösbar sind, wird bei Diskrepanzen auf der Ebene von Gefühlen oder Wertvorstellungen der Konfliktlösungsprozess aufwändiger. Die Frage, in welcher Phase der Konflikt im Rahmen der Führungsarbeit gelöst werden kann, hängt direkt davon ab, ob es sich um einen offenen, verdeckten oder umgeleiteten Konflikt handelt. Dabei ist der umgeleitete Konflikt eine Variante, bei der statt des Bereichs der eigentlich widerstreitenden Interessen ein anderes Konfliktfeld eröffnet wird.

Schließlich zeigt die Führungspraxis, dass in diesen Situationen der Energieaufwand der Führungskraft zur Konfliktlösung steigt. Die Wahrscheinlichkeit, dass diese Lösung jedoch gelingt und nur wenige bleibende Spuren im Verhältnis der Konfliktpartner zurückbleiben, sinkt jedoch an diesem Punkt.

Von Glasl (vgl. 2004: 232) stammt ein neunstufiges Modell:

1. Verhärtung zwischen den Konfliktparteien, bei der zeitweilige Ausrutscher ein Indikator für das Zerwürfnis sind, die Gesamttendenz jedoch noch kooperativ ist. Die punktuellen Auseinandersetzungen verschlechtern jedoch das Klima Stück für Stück.

2. Polemische Debatten, bei denen neben dem Austausch der Argumente auch eine Abwertung der Argumente und Persönlichkeit des anderen stattfindet, stellen die nächste Stufe der Eskalation dar.

3. Den Worten der Auseinandersetzung folgen Taten, bei denen die Konfliktpartner aktiv gegeneinander arbeiten. Der kooperative Aspekt tritt dabei fast vollständig in den Hintergrund.

4. Images werden geprägt und Koalitionen geschmiedet, um die eigene Position zu festigen und die des Gegners zu schwächen. Dies bedeutet für die Organisation (z.B. die Abteilung) eine starke Ausweitung des Konflikts. Dabei geht es den Konfliktparteien darum, die fachliche, funktionale und soziale Kompetenz des anderen in Abrede zu stellen.

5. Der Gesichtsverlust, der eintritt, indem der andere bloßgestellt wird (oder

werden soll) und womit ein unüberbrückbarer Gegensatz geschaffen wird, stellt die nächste Stufe der Auseinandersetzung dar. Auch hier werden in der Unternehmenspraxis gerne Vorgesetzte und Kolleg/innen als Zuschauer oder Mitwirkende in die Dramaturgie integriert.

6. Drohungen sollen für eine Stärkung der eigenen Position sorgen. In der Realität entsteht hier jedoch auch ein Geflecht von Einschränkungen, die den künftigen Handlungsspielraum der Kontrahenten stark begrenzen. Ähnlich wie Ende des 19. Und zu Beginn des 20. Jahrhunderts die politischen Bündnisse Reflexe und Automatismen beinhalteten, die mitunter schwer kontrollierbar waren, kann auch bei zwischenmenschlichen Konflikten in dieser Phase nahezu ein Kontrollverlust auftreten.

7. Mit begrenzten Vernichtungsschlägen versuchen nun die Konfliktparteien das statische System der Drohgebärden aufzulösen und zu den eigenen Gunsten zu verändern. Zu diesem Zeitpunkt wird noch der Schutz der eigenen Position und damit das eigene Überleben in der Organisation und die persönliche Zukunft als wichtigstes Gut gesehen. Dies schützt in dieser sehr weit fortgeschrittenen Phase den betroffenen Unternehmensbereich vor einem Totalschaden.

8. Zersplitterung ist eine Anschlussstrategie, die zum Ziel hat, die Ressourcen des Kontrahenten und sein System lahmzulegen und zu zerstören.

9. Wenn kein emotional verwertbarer Sieg über den Kontrahenten erzielt werden konnte, wenden beide Konfliktparteien oftmals die Strategie an, gemeinsam mit dem dauerhaften Konkurrenten in den Abgrund zu stürzen. Der Schaden für die eigene Person und Position wird als weniger abschreckend wahrgenommen als die Chance, dem anderen den entscheidenden Schlag beizubringen. Oftmals sehen sich die Streitenden im Unternehmen in dieser Situation als Opfer der Zwänge.

Als Führungskraft müssen Sie sich nicht nur mit dem Standardablauf offener und verdeckter Konflikte, typischen Konfliktverläufen und Eskalationsstufen befassen, sondern Sie müssen darüber hinaus auch in der Lage sein, durch frühzeitige Maßnahmen die positive Konfliktfähigkeit im Team zu stärken und beim Auftreten von Konflikten zu entscheiden, ab wann ein Eingreifen hilfreich ist. Dabei ist noch nicht festgelegt, dass die Intervention von Ihnen aus Ihrer Führungsposition heraus erfolgen muss.

Grundsätzlich muss nochmals betont werden, dass Konflikte grundsätzlich für das Unternehmen nicht negativ sind. Aus sachlichen Auseinandersetzungen entstehen in der Regel neue Lösungsansätze und echte Verbesserungen. Daher ist eine Zwangskuschelkultur, wie man sie in der Praxis ab und zu antrifft, keineswegs das Entwicklungsziel einer Organisation. Wenn das Prinzip „Wir verstehen uns gut", „Bei uns gibt es nie Streit und Konflikte" dazu führt, dass Konflikte verdrängt werden bzw. als latente Konflikte schlummern, ist das Risiko unkontrollierter Ausbrüche sehr groß. Auch die produktive Auseinandersetzung um die beste Lösung eines Problems sollte nicht durch die Verpflichtung zur Harmonie und Zustimmung ersetzt werden.

8.2 Konfliktprophylaxe, -erkennung und -behandlung

Konfliktprophylaxe

In der Praxis ist es zunächst das Wichtigste, im Rahmen der Bemühungen um eine offene Diskussionskultur im Betriebsklima auch die Bereitschaft zu Sachkonflikten zu fördern. Hierzu gehört der Abbau von Konfliktscheu, die meist dadurch entsteht, dass der einzelne Mitarbeiter/innen in der Vergangenheit schlechte Erfahrungen mit Konflikten gemacht hat und vor diesem Hintergrund jede Auseinandersetzung dieser Art vermeidet. Emotionale Blockaden führen ebenfalls zur Umgehung von Konflikten, stattdessen wird meist „hinter dem Rücken“ des anderen der Konfliktgegenstand thematisiert. Vordergründig sind alle „nett“ zueinander.

Wie kann ich nun als Führungskraft auf dieses – in vielen Fällen über Jahre gelernte und unbewusste – Verhalten der Mitarbeiter einwirken? Der wichtigste Ansatz ist hier das eigene Vorbild. Wer als Führungskraft die spürbaren Konflikte gleich welcher Art offen angeht und gezielt nach Lösungen sucht, zeigt seiner Umgebung, wie Konfliktbewältigung aussehen kann. Besonders wichtig ist hier vor allem die persönliche Integrität. Wer Konflikte verschweigt, statt klarer Lösungen intransparente Absprachen sucht und die persönlichen Konflikte durch „Lästern in Abwesenheit der Betroffenen“ emotional verarbeitet, mag in gewissem Sinne zwar authentisch wirken, persönliche Integrität, die wiederum Voraussetzung für die notwendige moralische Autorität ist, kann eine Führungskraft so jedoch nicht für sich beanspruchen.

Um weiter differenziert die offene Streitkultur zu stärken und Konfliktscheu zu beseitigen, lohnt sich ein intensiver Blick auf die typischen Merkmale der Konfliktvermeidung. Symptome konfliktscheuer Mitarbeiter sind die „verpassten Gelegenheiten“ zur (hoffentlich konstruktiven) Auseinandersetzung.

Typische Merkmale der Konfliktvermeidung:

- *Rückrufe werden nicht erledigt,*
- *zu Gesprächen kommt kurzfristig eine Vertreterin/ein Vertreter,*
- *statt der Argumentation in eigenem Namen wird Kritik nur im vermuteten Interesse Dritter formuliert,*

- *Krankheit (diese kann auch tatsächlich messbare psychosomatische Formen annehmen),*
- *ein „sich zurücknehmen" als Gesprächspartner, Flucht in wiederkehrende Floskeln und Passivität,*
- *auf unterschiedliche Diskussionspunkte wird emotional reagiert, die Mitarbeiterin/der Mitarbeiter wirkt schnell verärgert und beleidigt.*

Abhilfe schafft hier eine vernünftige Streitkultur und Konfliktfähigkeit aller Beteiligten. Dazu gehört zunächst eine Führungs- und Kommunikationskultur, die Konflikte als notwendig akzeptiert und honoriert. Die persönliche Akzeptanz der Beteiligten ist wiederum die Voraussetzung, um mit den anderen Meinungen im Rahmen der Konflikte fair und sachgerecht umgehen zu können. Wenn die Konflikte dabei frühzeitig offen gelegt werden, haben alle die Gelegenheit, sich in diesen Sachkonflikt einzubringen.

Als besonders schwierig erweist sich in der Praxis der Konfliktbehandlung und -bewältigung im Unternehmen die Überlagerung von Beziehungs- und Inhaltsebene bei Konflikten.

Es gibt dabei grundsätzlich drei Ausgangsformen:

Dissens auf Inhaltsebene, Konsens auf Beziehungsebene = Sachkonflikt (harmlos)

Konsens auf Inhaltsebene, Dissens auf Beziehungsebene = Aversion (gefährlich)

> Dissens auf Inhaltsebene, Dissens auf Beziehungsebene = Katastrophe (auf Dauer sehr problematisch)

Hier zeigt sich insbesondere die Problematik bei der Kombination der Konfliktdimensionen auf Beziehungsebene (emotionale Dimension) in Verbindung mit einem Dissens auf Inhaltsebene (sachliche Dimension). Die Sprengkraft von Konflikten auf der emotionalen Ebene kann sich in einer solchen Kombination wesentlich stärker entfalten. Aufgabe der Führung ist es, solche Konstellationen frühzeitig zu identifizieren und transparent zu machen, um sie einer Lösung zuzuführen. Insbesondere technisch ausgebildete Männer neigen dazu, den Konflikten eine Beziehungsdimension abzusprechen und die Auseinandersetzung als Sachkonflikt aufzufassen. In dieser Konstellation können Sie jedoch als Führungskraft keine Lösung des Konflikts erwarten. Erst wenn die emotionale Beziehungskomponente erkannt und akzeptiert wird, lässt sich hier ein Fortschritt erwarten. Dabei muss die Beziehungsebene in „guten Zeiten" unterstützt und moderiert werden. Wenn Sie zerstrittene Kolleg/innen abends zum Bier zwangsverpflichten, wird dieses Projekt kein Erfolg sein.

Es ist in solchen Situationen Aufgabe der Führungskraft, dem Umfeld im Unternehmen deutlich zu machen, dass es sich bei solchen Veranstaltungen keinesfalls um die Bewältigung von Luxusproblemen handelt, sondern damit Folgekosten, die beispielsweise durch Konflikte auf der Beziehungsebene entstehen, vermieden werden können. Wie auch in anderen Bereichen (Gesundheitswesen, Jugendarbeit etc.) sind prophylaktische Maßnahmen immer dadurch gekennzeichnet, dass sie zu dem Zeitpunkt, zu dem sie stattfinden, eigentlich nicht notwendig erscheinen. Die Kosten von Prophylaxemaßnahmen sind jedoch bei richtigem Einsatz deutlich geringer als die Kosten, die beim Auftauchen akuter Problemsituationen entstehen. Dies gilt auch im Besonderen für Konflikte im Unternehmen.

Konflikterkennung

Um bei Konflikten sinnvoll eingreifen zu können, muss sich eine Führungskraft mit der Struktur von Konflikten befassen, damit diese erkannt und auch sinnvoll bewertet werden können.

Konflikte können in unterschiedlichen Dimensionen auftreten, die für die Praxis des Managements insofern bedeutsam sind, dass sie unterschiedlich schnell einer Lösung zugeführt werden können. Dabei treten die nachfolgend aufgegliederten Konfliktdimensionen meist in Kombination auf.

Sachlich-intellektuelle Konflikte

Sachkonflikte sind inhaltsbezogen und treten bei der Bewältigung von Sachaufgaben auf. Oft sind die unterschiedlichen Funktionen und Aufgaben im Unternehmen Ursache des Konflikts. Typisch sind hier beispielsweise unterschiedliche Urteile zwischen marketingorientierten und betriebswirtschaftlich orientierten Abteilungen über die Bewertung von neuen Projekten oder Sachinvestitionen. Sachkonflikte lassen sich meist mit Hilfe von Sachanalysen und begleitender Kommunikation lösen.

Sozio-emotionale Konflikte

Bei diesen Konflikten stehen die zwischenmenschlichen Probleme im Vordergrund. Ein wesentliches Element bei sozio-emotionalen Konflikten ist Misstrauen, das beispielsweise dann spürbar ist, wenn Mitarbeiter/innen sich vor Entscheidungen übertrieben absichern. Diese Konflikte können nur durch langfristig angelegtes Führungshandeln begrenzt werden, da die emotionale Komponente im Vordergrund steht.

Wertmäßig-kulturelle Konflikte

Wertkonflikte treten dann auf, wenn zwischen dem gesellschaftlichen, dem individuellen oder dem betrieblichen Wertsystem starke Divergenzen auftreten. Redaktionsarbeit im Medienunternehmen ist hier ein typisches Feld für derartige Konflikte. Unterschiedliche Auffassungen über die Glaubwürdigkeit und Vertrauenswürdigkeit von Inhalten bzw. Programmgestaltung von Einzelmedien können hier als Beispiel dienen. Die Konfliktlösungsmöglichkeiten sind beschränkt, da allenfalls langfristig angelegte Diskussionen über die Werthaltungen die Konfliktlage transparent machen können. Kurz- und mittelfristige Veränderungen sind nur im Rahmen der Personalauswahl möglich.

Konfliktfolgen für Personen und Organisationen

Zunächst bewirken Konflikte nicht nur Negatives für den Einzelnen bzw. die Gesamtorganisation. Ein Konflikt kann der Anlass sein, sich im positiven Sinne geistig intensiv mit einem Thema auseinanderzusetzen. Negative Folgen entstehen an den Stellen, wo die sachliche Auseinandersetzung nicht mehr im Sinne eines produktiven Wettbewerbs unterschiedlicher Alternativen möglich ist. Dies kann durch emotionale Blockaden, formale Machtkonstellationen im Rahmen der Aufbauorganisation ebenso verursacht werden wie durch Abweichungen im Bereich der grundsätzlichen Wertvorstellungen. Auch bei nach wie vor sachbezogenen Konflikten kann die Effizienz der Arbeit beeinträchtigt werden (vgl. Altmann/Berndt (1992): 170).

Konfliktbehandlung

Um einen Konflikt begrenzen bzw. im Idealfall lösen zu können, bedarf es einiger gezielter Aktionen, die die Führungskraft vornehmen muss:

Offenlegung der Interessen

Es ist sehr schwer, in der Praxis zwischen einzelnen Konfliktparteien zu vermitteln und nach gemeinsamen Lösungen zu suchen, wenn nicht klar ist, wo die Interessen des Einzelnen liegen. Dabei zeigt die Erfahrung in der Beratung von Führungskräften beim Konfliktmanagement, dass es gerade in den scheinbar offensichtlichen Fällen häufig einer besonderen Sorgfalt bedarf, um keine voreiligen Schlüsse zu ziehen.

Es ist extrem wichtig, zunächst eine „Klärung der Fronten" herbeizuführen, z.B. bei unterschiedlichen Erwartungen aufgrund von Rollenzuschreibungen im Unternehmen oder gegenläufigen Interessen, die sich aus der Funktionsverantwortung ergeben.

Gerade die strukturellen Konflikte, die sich aus unterschiedlichen Aufgabenfeldern und Interessen ergeben, sollten ausführlich beschrieben werden, damit sie auf das eigentliche Gebiet der Auseinandersetzung begrenzt werden können.

8.3 Konfliktsituationen im Führungsalltag

Es gibt Situationen, da muss eine Führungskraft zugegen sein und nach Möglichkeit schnell handeln. Ähnlich wie ein Lehrer bei Streit zwischen Schüler/innen oder ein Elternteil bei Auseinandersetzungen zwischen Kindern, ist bei akuten Konflikten, die ein gewisses Eskalationsniveau erreicht haben, ein rasches Handeln der Führungskraft notwendig. Um einen Konflikt zu einem zufriedenstellenden Abschluss zu bringen, muss am Ende der Konfliktlösung dafür gesorgt werden, dass diese Lösung auch von gewisser Dauer ist. Für die meisten Kontrahenten ist es ein ganz wesentliches Signal, wenn gemeinsame Spielregeln für künftige Konfliktsituationen vereinbart werden. Denn dadurch entsteht Sicherheit und die Sicherheit des Einzelnen führt zu dem Gefühl, einen Konflikt erfolgreich bewältigt zu haben. Dieser persönliche Eindruck ist wiederum die Basis für Mitarbeiter/innen, die nicht konfliktscheu sind und damit auch gemeinsam dazu beitragen, dass keine verdeckten Konflikte entstehen und in einer verborgenen Eskalationsschleife vor sich hin gären.

Die Gewissheit, Konflikte bewältigen zu können und neue gute Lösungen entwickeln zu können, stärkt auch das Selbstvertrauen der Konfliktpartner. Dieses Vertrauen in die eigenen Fähigkeiten ist wiederum die Basis dafür, Vertrauen in andere Menschen zu entwickeln und damit eine positive Beziehungsarbeit im Unternehmen leisten zu können.

Kritik an Mitarbeiter/innen

Wer an einer Mitarbeiterin/einem Mitarbeiter Kritik übt, sollte sich stets vergegenwärtigen, dass ein Kritikgespräch nur dann sinnvoll ist, wenn die Mitarbeiterin/der Mitarbeiter die formulierte Kritik auch verstehen und annehmen kann. Das Ziel darf also nicht sein, Kritik bei den Mitarbeiter/innen abzuladen, um den eigenen Frust über beispielsweise ein „gescheitertes Projekt“ der Mitarbeiterin/des Mitarbeiters loszuwerden und damit einen emotionalen Befreiungsschlag zu erzielen, sondern die Kritik muss konstruktiv und zielorientiert sein. Daher verbietet es sich im Regelfall auch, öffentliche Kritik (zum Beispiel in Gegenwart der Kolleginnen und Kollegen) an einer Mitarbeiterin/einem Mitarbeiter zu üben. Ausnahmen bestehen dann, wenn es in der Gruppe eine gewohnte Praxis ist, öffentliche Teamkritik durchzuführen.

Je nach Anlass kann das Kritikgespräch in ruhiger kollegialer Atmosphäre (am Besprechungstisch der/des Vorgesetzten) oder auch in ruhiger Atmosphäre unter Betonung der Hierarchie (Mitarbeiter/in sitzt vor dem Schreibtisch der/des Vorgesetzten, die/der Vorgesetzte sitzt dahinter) durchgeführt werden.

Eine übliche Form der Kritik ist die Sandwich-Methode. Dabei wird der kritische Punkt, den die/der Vorgesetzte ansprechen möchte, zwischen zwei positive Aspekte „geklemmt". Das Gespräch beginnt dann mit einem positiven Thema und endet auch wieder mit einem positiven Ausblick. Eine weitere Variante dieses Systems ist die LIMO-Methode.

LIMO-Methode

- *Lob: positiver Gesprächseinstieg*
- *Interesse: Die Aufmerksamkeit wird auf den kritischen Punkt gelenkt.*
- *Mangel: Der Kritikpunkt wird klar formuliert.*
- *Offenheit: Zum Abschluss wird die Offenheit für eine gemeinsame Lösung betont.*

Für junge Führungskräfte ist es wichtig, dass diese Gesprächsstrukturen keinesfalls starr eingesetzt werden. Wenn für die Mitarbeiter/innen erkennbar jedes Kritikgespräch mit positiven Elementen beginnt, wird er so konditioniert, dass er bei einem Lob (positives Thema) schon innerlich angespannt auf den eigentlicher Gesprächskern (kritischer Punkt) wartet, auch wenn es nur ein lobendes Feedback sein sollte. Eine weitere mögliche Fehlerquelle bei diesen Gesprächen ist die Dauer der einzelnen Bereiche. Weitschweifige Hinführungen zum eigentlichen Thema führen zu großer Unzufriedenheit bei den Gesprächspartnern. Hier sollten die Führungskräfte achtsam sein.

Kritik auf Kollegenebene

Auf den ersten Blick mag dieser Anwendungsfall einfach erscheinen. „Es kann ja wohl nicht so schwierig sein, die Kritik an einem Kollegen zu formulieren und unterzubringen." Aber es beginnt in der Praxis oftmals schon mit der richtigen Gelegenheit und dem richtigen Anlass dazu, Kritik zu üben. Weit verbreitet ist beispielsweise die Kritik im Rahmen von Besprechungsrunden. Abteilungsleiterin A kritisiert in der Besprechung der Führungskräfte Abteilungsleiter B. Wenn auch hier die Zielsetzung die Annahme der Kritik und eine Verhaltens- oder Einstellungsänderung ist, dürfte dies ein schwieriges Umfeld sein. Schließlich möchte der Kollege seine Stellung innerhalb der Gruppe nicht schwächen lassen und wird sich daher entsprechend „seiner Haut erwehren". Dies bedeutet, dass die gruppendynamischen Effekte in den Vordergrund und die eigentlichen Sachverhalte in den Hintergrund treten. Dies ist keine gute Basis für eine Verständigung. Die eher zwanglose kollegiale Gesprächssituation, beispielsweise anlässlich eines Abstimmungsgesprächs, kann hier eine sehr viel vorteilhaftere Situation sein. Hier ist es wichtig, dass man sich vor dem Gespräch klar wird, dass jeder Kollege in Leitungsfunktion seinen eigenen Zuständigkeitsbereich hat und diese Zuständigkeit die Basis für jede Verständigung darstellt. Nur dann, wenn diese Eigenständigkeit des Kollegen respektiert wird und auch eine persönliche Achtung vorhanden ist, kann ein solches Gespräch gelingen.

Kritik an Vorgesetzten

Die Kritik an Vorgesetzten erweist sich in der Praxis der Führungsarbeit häufig als besonders problematisch. Sollte eine Kritik am Vorgesetzten unausweichlich sein, ist es sinnvoll, das Gespräch systematisch vorzubereiten. Ein ganz wesentlicher Punkt besteht darin, ein Gefühl dafür zu entwickeln, wie sich das Konfliktthema und das Problem aus der Sicht der Gesprächspartnerin/des Gesprächspartners darstellen könnte.

Der Methodenkoffer der Gesprächsvorbereitung bietet beispielsweise die Möglichkeit, einen gedanklichen Rollenwechsel vorzunehmen. Dabei beschreibt die Führungskraft beispielsweise ihren Vorgesetzten (Aufgabe, Alter, Aussehen, fachliche Herkunft, Haltung zu Themenfeld). Anschließend macht die Führungskraft das Experiment und beschreibt aus der Perspektive der/des Vorgesetzten sich selbst (gleiche Angaben wie oben). Dann wird vertieft aus beiden Perspektiven das Problem beschrieben (Einstellung zum Problem, Relevanz des Problems etc.). So kann erreicht werden, dass man als Führungskraft eine klarere Vorstellung davon bekommt, was die Haltung des Vorgesetzten zum Problemfeld prägt. Anschließend ist es für ein Gespräch mit der Chefin/dem Chef hilfreich, wenn man nicht nur in der Lage ist, das Problem zu benennen, sondern auch schon erste Lösungsansätze mit in das Gespräch einfließen.

Letztlich zeigt die Unternehmenspraxis, dass ein solches Gespräch nur gelingen kann, wenn die Funktion und Person der Chefin/des Chefs auch von Seiten der Kritik übenden Führungskraft respektiert und geachtet wird. Andernfalls fehlt die notwendige zwischenmenschliche Basis für eine Verständigung.

Zusammenfassung

- Analysieren Sie die Beziehung der Mitarbeiter/innen untereinander und achten Sie auf Störungen auf der Beziehungsebene.
- Stärken Sie durch geeignete Maßnahmen die Beziehungsebene, bevor es zu Konflikten kommt.
- Stärken Sie eine positive Konfliktkultur, sprechen Sie verdeckte Konflikte an.
- Trainieren Sie die Gesprächsführung in Konfliktsituationen.
- Halten Sie einen Notfallplan für Konflikteskalationen bereit.
- Führen Sie Kritikgespräche nur nach sorgfältiger Vorbereitung.

9 Worauf es wirklich ankommt: Werte und Ziele

„Die bisherige Globalisierung – darin sind sich auch alle Kritiker einig – schafft Gewinner und Verlierer und zwar in einem Ausmaß und in einer Geschwindigkeit, die alle Wertparolen des Megaprojekts zu reinen Worthülsen macht."

Horst Petri in „Verrat an der jungen Generation"

Zentrale Ziele dieses Kapitels

- Werte und ihre Bedeutung für die Führungsarbeit kennen und verstehen
- Einflussgruppen auf Werte verstehen
- Work-Life-Balance in ihrer Bedeutung verstehen
- die Verantwortung von Unternehmen für andere kennen und verstehen

Schlagworte

- Werte, Ethik, Leitbild, Sinn
- Work-Life-Balance, Corporate-Social-Responsibility
- Wertewandel, Stakeholder

Die Bedeutung von Werten für das Führungshandeln lässt sich am besten anhand der Kompetenzen einer Führungskraft veranschaulichen (Abb. 22).

Die unterschiedliche Wertigkeit von sozialer Kompetenz und reiner Fachkompetenz für Führungskräfte haben wir bereits zu Beginn dieses Bandes dargestellt. Um als Führungskraft jedoch tatsächlich Orientierung bieten zu können, gehört auch eine „sittliche Kompetenz" im Sinne einer Werteorientierung dazu. Damit ist es einer Führungskraft möglich, tatsächlich auch als Führungspersönlichkeit zu wirken. Aus der Funktion Chef/in wird dadurch eine glaubwürdige Person.

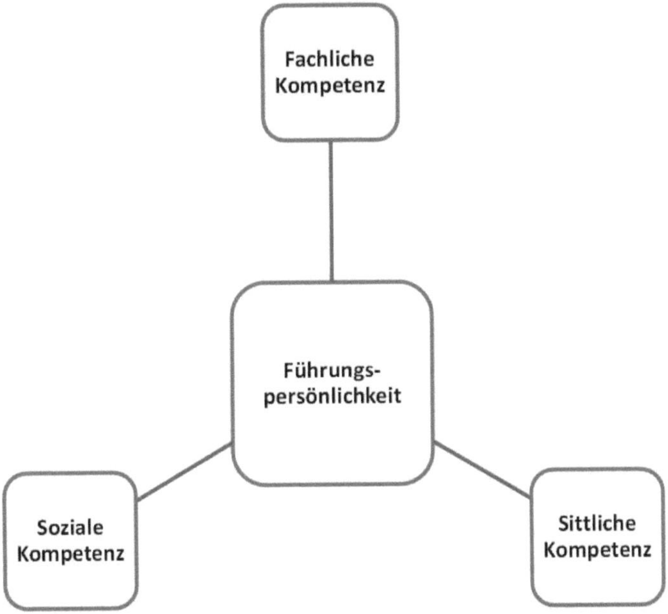

Abb. 22: Kompetenzfelder von Führungskräften (Quelle: Kirchner, B. 2006: 56)

9.1 Bedeutung und Herkunft von Werten

Bei der Frage nach Werten gehen die Meinungen rasch auseinander besonders, wenn man im praktischen Leben die Frage nach „wahren Werten" stellt. Wenn man geklärt hat, dass es nicht um materielle, sondern um ethische Werte gehen soll, dann bleibt häufig die Frage, was man denn darunter zu verstehen hat. Wir verstehen in der folgenden Betrachtung unter Werten „bewusste oder unbewusste Orientierungsstandards und Leitvorstellungen, von denen sich Individuen und Gruppen in ihrer Handlungswahl leiten lassen" (Horn 2002: 290 nach Ebers/Melchers 2002: 39). Unserer Gesellschaft wird häufig eine Wertekrise und ein Verlust an Werten attestiert. Wir können mit Blick auf das Verhalten von Unternehmen jedoch eine zweigeteilte Entwicklung konstatieren. Während für einen großen Teil der Bevölkerung Werte an Bedeutung verloren haben, ist für andere die Sinnsuche und die Hinwendung zu individuellen, religiösen, gesellschaftlichen, politischen oder ethischen Werten wichtiger geworden.

Neben diesen individuellen Werten stellt sich im Zusammenhang mit Wertemanagement im Unternehmen auch die Frage, wofür ein Unternehmen selbst steht. Das Verständnis von gemeinsamen Werten eines Unternehmens ist eine wichtige Voraussetzung dafür, um eine starke Marke zu erhalten. Diese starke Marke ist wiederum wichtig, um in hart umkämpften Märkten eine wettbewerbsrelevante Einzigartigkeit zu erlangen.

„Wir haben zu viele ähnliche Firmen, die ähnliche Mitarbeiter beschäftigen mit einer ähnlichen Ausbildung, die ähnliche Arbeit durchführen. Sie haben ähnliche Ideen und produzieren ähnliche Dinge zu ähnlichen Preisen in ähnlicher Qualität."[27] Dies ist ein weiterer Grund, weshalb Werte im Unternehmen immer wichtiger werden.

Werte schaffen aber auch eine gemeinsame Basis für die Kooperation von Menschen. Gemeinsame Werte von Führungskräften und Mitarbeitern schaffen daher eine gemeinsame Basis für einen respektvollen Umgang miteinander.

---

[27] Pircher-Friedrich 2005: 24

Als Führungskraft haben Sie die Aufgabe, die gemeinsamen Werte des Unternehmens und der mit dem Unternehmen verbundenen Menschen glaubwürdig zu leben.

Dies setzt die Kenntnis der Werte, die passende innere Haltung zu diesen Werten und die Einhaltung der Werte auch in schwierigen Phasen und bei anspruchsvollen Entscheidungen voraus.

Wirft man einen Blick in die Zukunft, sind die meisten der Topmanager der Meinung, dass die Bedeutung der Wertesysteme zunimmt. Durch die immer schneller werdenden Veränderungs- und Anpassungsprozesse ist es zunehmend schwerer, Wertvorstellungen, die a priori nicht kurzfristig angelegt sind, zu leben. Gerade Führungskräfte im Umgang mit ihren Mitarbeitern und in der Kundenbeziehung sind in solchen Situationen besonders gefordert. Von einer Führungskraft wird neben Fachwissen auch soziales Feingefühl gegenüber den Mitarbeiter/innen und Verantwortungsgefühl gegenüber dem Unternehmen erwartet. Dieselbe Haltung wiederum wird auch den Mitarbeiter/innen abverlangt.

Das Unternehmen steht mit einer Reihe unterschiedlicher Interessensgruppen, den Stakholdern, wie etwa den Mitarbeiter/innen, den Kunden, dem Stadtrat oder der lokalen Öffentlichkeit etc. in Kontakt. Für die unterschiedlichen Interessen der Stakeholder spielen Werte wie Qualität der Leistungen (Kunden), sinnvolle Arbeit (Mitarbeiter/innen), sicherer Absatzmarkt (Lieferanten), gegenseitiges Vertrauen (Partner) oder Engagement für gesellschaftliche Werte (Gesellschaft), um nur einige Punkte zu nennen, eine bedeutende Rolle. Werte sind somit das Fundament für ein erfolgreiches Zusammenwirken der in einem Unternehmen agierenden Beteiligten (siehe Abb. 23).

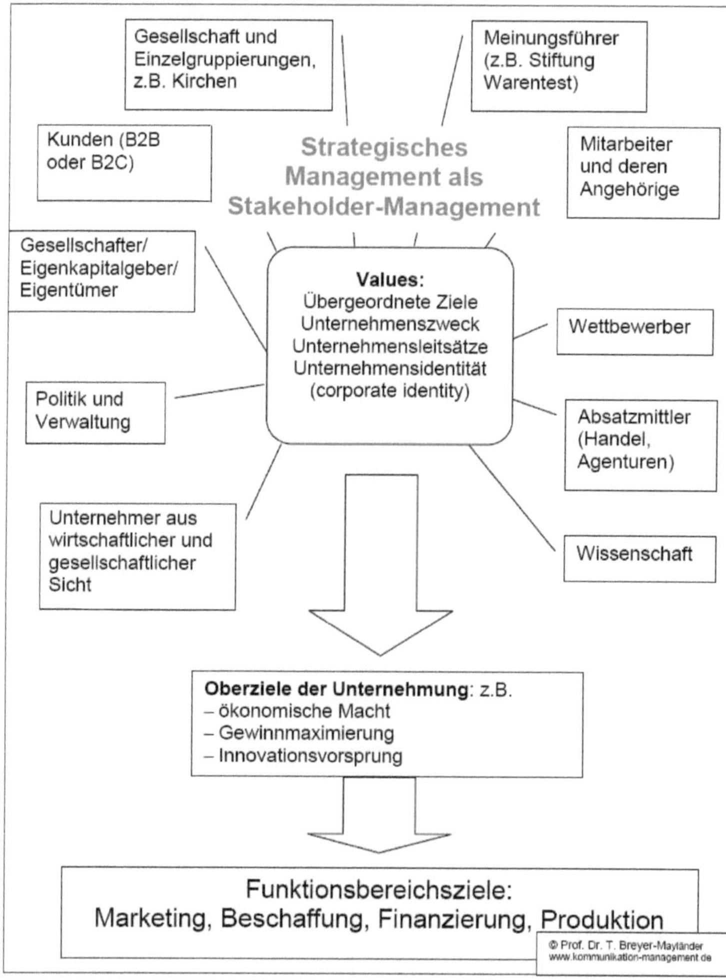

Abb. 23: Stakeholder und Werte (aus Breyer-Mayländer 2009: 38)

Für die Mitarbeiter/innen und Führungskräfte als Menschen stellt sich im Zusammenhang mit ihrer Berufstätigkeit auch die Frage nach dem Sinn des Lebens und in diesem Zusammenhang auch die Frage, ob die Arbeit selbst sinngebend ist. „Sinn antwortet auf das Warum unternehmerischen Tuns und Lassens“[28] und „bedeutet immer Verwirklichung von Werten.“[29] Vor allem bei hochqualifizierten Mitarbeitern gewinnt der Sinn der Tätigkeit an Bedeutung. Die Hürde der reinen Existenzsicherung ist überwunden und man könnte mit der Maslow'schen Bedürfnispyramide argumentieren, dass sich diese Mitarbeiter zunehmend selbst verwirklichen wollen. Dabei ist es für Mitarbeiter wichtig, dass sie die Zusammenhänge ihrer Tätigkeit begreifen und erkennen können, welchen Beitrag sie zum Gesamtergebnis leisten bzw. was das Unternehmen mit ihrer erbrachten Arbeitsleistung letztlich macht.

Sinnfindung durch Werteverwirklichung ist eine Grundlage für erfolgreiches Leben und Arbeiten. Es motiviert jede/n Einzelne/n, da sie/er die Leistungen und Erfolge ihrer/seiner Arbeit im Einklang mit seinen ureigenen persönlichen Grundüberzeugungen erlebt. Dies wirkt sich in der Konsequenz positiv auf die Betriebsergebnisse aus. Sinn und Werte tragen daher wesentlich zur Leistungsbereitschaft und zum Engagement des Einzelnen bei. Damit handelt es sich um eine zentrale Aufgabe von Führungskräften, die in der Lage sein müssen, den Sinn der notwendigen Aufgaben und Arbeiten ihren Mitarbeitern zu kommunizieren und darzustellen.

Werte umfassen zunächst ein breites Spektrum gesellschaftlich anerkannter Kernpunkte, die in der Regel in Mitteleuropa der christlichen bzw. humanisti-

---

[28] Kobi 2008: 67

[29] Pircher-Friedrich 2005: 52

schen Gedankenwelt entnommen sind. Beispielhaft sei hier auf Kants kategorischen Imperativ verwiesen, wonach man das eigene Handeln stets so ausrichten sollte, dass es als Grundlage für eine allgemeine Norm dienen kann. Diese allgemeinen gesellschaftlich anerkannten Werte unterliegen in ihrer Bedeutung durchaus auch dem Wandel der Zeit, was sich z.B. anhand der Rolle der Frauen in der Arbeitswelt aufzeigen lässt.

Im Rahmen dieser anerkannten Wertebasis können von jedem Unternehmen spezifische profilgebende Werte individuell erarbeitet werden, die mit dazu beitragen, dass es sich von Mitbewerbern, Marktteilnehmern, Konkurrenten etc. abheben kann.

Die Werte eines Unternehmens orientieren sich zunächst an den gesellschaftlich anerkannten Grundwerten der Gesellschaft(en), in denen die Firma tätig ist. Diese Werte besitzen unabhängig von der Aufgabenstellung des betrieblichen Wirtschaftens Gültigkeit innerhalb der Zivilgesellschaft.

Welche weiteren profilgebenden Wertmaßstäbe, Wertorientierungen etc. zu einem Unternehmen passen, hängt neben der persönlichen Grundüberzeugung der Akteure (Stakeholder wie Mitarbeiter/innen, Führungskräfte etc.) von der Strategie, der Branche und der Historie ab. Die definierten Wertmaßstäbe dürfen sich nicht untereinander widersprechen. Aus diesem Grund ist die Entwicklung von Werten ein langer Prozess, der im Grunde auch nicht aufhört, solange das Unternehmen existiert. Wer Unternehmensentwicklung als einen dynamischen Prozess betrachtet und der Organisation adaptive Fähigkeiten zuschreibt, muss auch die Ebene der Werteentwicklung im Zeitverlauf berücksichtigen. Viele dieser Werte werden auch von Kundenseite definiert. So gibt es einige Marken, vor allem im Lebensmittel- und Konsumgüterbereich, die schon viele Jahrzehnte auf dem Markt existieren und beispielsweise beim heute erwachsenen Konsumenten Kindheitserinnerungen hervorrufen. Viele Unternehmen mit Tradition haben Werte, die häufig bereits durch den Firmengründer festgelegt wurden und auch heute noch als gültig angesehen werden.

Eine werteorientierte Unternehmensführung kann einen Wettbewerbsvorsprung verschaffen. Dies ist freilich nur möglich, wenn die jeweils im Sinne der obigen Darstellung passenden Werte für das einzelne Unternehmen identifiziert und angewendet werden.

Um die Unternehmenswerte und die Unternehmenskultur zu kommunizieren, wird vielfach auf ein Leitbild zurückgegriffen. Um ein solches erstellen zu können, müssen zuerst in einem gemeinsamen Entwicklungsprozess, der alle Hierarchieebenen einschließt, Werte und Normen identifiziert und festgelegt werden, die dann das Leitbild formen.

Ein gutes Leitbild weist folgende Eigenschaften auf:

Es ist vital, konkret und realistisch und zudem zukunftsorientiert. Die wichtigste Aufgabe des Leitbildes ist es aber, die eher abstrakte Philosophie des Unternehmens in eine greifbare Zielsetzung zu übersetzen. Das Leitbild dient dem Unternehmen als lebendiges und bildhaftes Kommunikationsmittel seiner Werte und Ziele.

Entwicklung des Leitbildes

Ein Leitbild zu entwickeln, heißt, ein visionäres Bild über einen gewünschten Zielzustand in der Zukunft zu entwerfen und möglichst alle Hierarchieebenen innerhalb des Unternehmens an der Erstellung teilhaben zu lassen. Leitbilder haben in den meisten Fällen eine wichtige Funktion bei Orientierung, Koordination, Motivation und Legitimation im Unternehmen.

Werte liefern die Basis für erfolgreiche Kooperation zwischen Individuen und bieten in Unternehmen Orientierung. Je nach Funktion gibt es unterschiedliche Erwartungen, die an Unternehmenswerte gestellt werden. Das Unternehmen und seine Führung haben im Alltag oft andere Erwartungen als beispielsweise die Mitarbeiter/innen. Doch auch bei gegensätzlichen Interessen liefern gemeinsame zentrale Werte ein Fundament, von dem das Unternehmen, die Führung wie auch die Mitarbeiter/innen gleichermaßen profitieren, da die verbindenden und gemeinsamen Interessen (z.B. langfristig erfolgreiche Lösungen im Markt anbieten) aus den gemeinsamen Grundüberzeugungen des Leitbilds abgeleitet werden können.

„Sinn und Wertefragen sind der innere Kompass des Unternehmens. Besonders in einer Zeit, in der laufend die Orientierung verloren geht. […] Werte sind eine Quelle von Vertrauen, bündeln die Energien, geben Sicherheit und sind Orientierungshilfe im Dschungel der Wahlmöglichkeiten. […] Werte haben einen starken Einfluss auf den Unternehmenserfolg."[30]

---

[30] Kobi 2008: 12

Wandel von Werten in Unternehmen

Werteänderungen in einem Unternehmen können verschiedene Gründe haben. Werte eines Unternehmens können sich durch einen Wechsel des Managements beispielsweise durch eine Fusion mit einem anderem Unternehmen ändern. Häufig bedarf es eines großen Zeitaufwands, Werte in einem Unternehmen um- und durchzusetzen. Ein veränderter gesellschaftlicher Konsens führt ebenfalls zu einer Weiterentwicklung der Unternehmenswerte. Das Thema Umweltschutz hat beispielsweise in den vergangenen Jahren enorm an Bedeutung gewonnen. Unternehmen müssen auf interne und externe Änderungen reagieren, ihre Werte anpassen und diese auch so leben und kommunizieren. Bei der werteorientierten Unternehmensführung sollten alle Bereiche mit einbezogen werden. Bei der Sicht auf die Außenwelt sind im Besonderen die Absatzpolitik, die Beschaffungspolitik und die Öffentlichkeit zu erwähnen.

> *Um einen einheitlichen Unternehmensauftritt darzustellen bedarf es abgestimmter Informationen und Aktionen. Diese Abstimmungen und Darstellungen erfolgen innerhalb der Corporate Identity.*

9.2 Sinn und Zweck für Mitarbeiter schaffen

In Zeiten der permanenten Veränderungen und des größer werdenden Fachkräftemangels ist es heute ein entscheidender Wettbewerbsvorteil für Unternehmen, sich als attraktiver Arbeitgeber präsentieren zu können. Die Personalführung muss sich den veränderten Bedürfnissen der potenziellen Mitarbeiter stellen und die Unternehmenskultur sinnvoll anpassen, um langfristig erfolgreich zu sein. Das heißt im Wesentlichen, dass die Beziehungen zwischen Mitarbeitern und Unternehmen langfristig positiv gestaltet werden müssen. Gute, leistungsfähige und leistungswillige Mitarbeiter sind kein Zufall, sondern das Ergebnis eines erfolgreichen Personalmanagements und guter Führungsarbeit im Unternehmen.

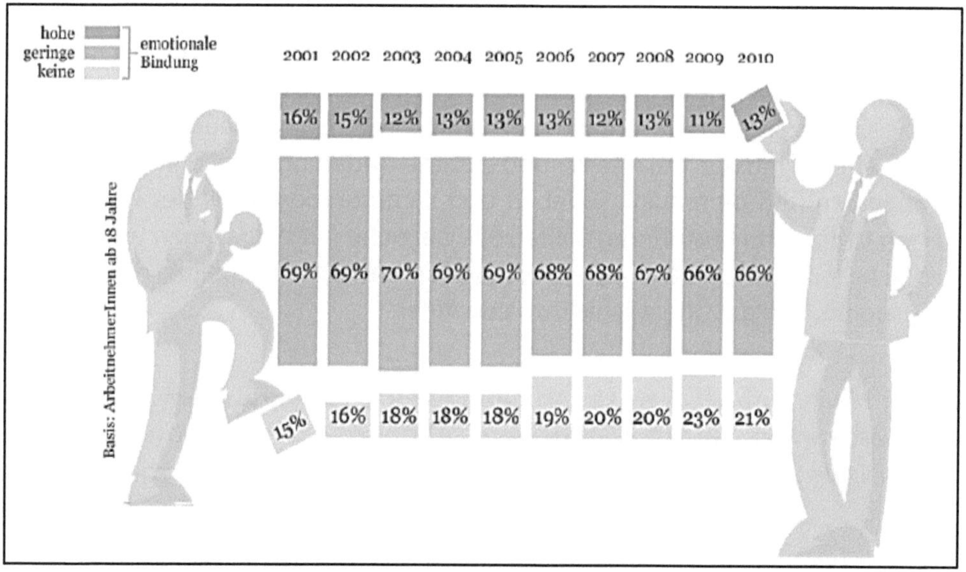

Abb. 24: Der Engagement Index 2001–2010 (Quelle: Gallup)

Die Erkenntnis, dass Mitarbeiter eine wertvolle Ressource sind, ist erst seit etwa 20 Jahren in den Unternehmen verbreitet. Seit dem Jahr 2000 wird tatsächlich verstärkt auf ein nachhaltiges Personalmanagement Wert gelegt. Mitarbeiter stehen zunehmend für einen zentralen Faktor unternehmerischen Erfolgs. Ein nachhaltiges Personalmanagement ist demnach als eine Investition in die Zukunft zu betrachten. Doch die Ergebnisse der „Gallup-Studie" zeigen, dass die Umsetzung in der betrieblichen Realität noch ausbaufähig ist. Seit zehn Jahren wird der so genannte „Gallup Engagement Index" zur emotionalen Arbeitgeberbindung erhoben (siehe Abb. 24).

Im Jahr 2010 arbeiteten nur 13% der Beschäftigten in Deutschland mit einer hohen emotionalen Bindung zu ihrem eigenen Arbeitsplatz. 66% der Beschäftigten geben an, nur eine geringe emotionale Bindung zu haben. 21% sind sogar „aktiv unengagiert" und zeigen unerwünschtes Verhalten, das zulasten der Leistungs- und Wettbewerbsfähigkeit der Unternehmen geht.

Bedürfnisse der Mitarbeiter

Gerade Führungskräfte müssen verstärkt auf die Bedürfnisse der Mitarbeiter eingehen. Die Befriedigung der Bedürfnisse der Mitarbeiter hängt einerseits von materiellen Reizen wie Vergütung und freiwilligen sozialen Leistungen, aber auch immer mehr von „weichen Faktoren" ab. Hierzu gehören der Führungsstil, das Betriebsklima, die Entwicklungsmöglichkeiten für die Mitarbeiter/innen, die Attraktivität der Arbeitsaufgaben, die gemeinsamen Erfolge und Partizipationsmöglichkeiten sowie die Anerkennung, die man durch die Arbeit erfährt. Diese „weichen Faktoren" sind prägende Bestandteile der Unternehmenskultur und müssen optimal kommuniziert, gelebt und verankert werden.

Möglichkeiten der wertschaffenden Personalführung

- Qualifizierung

  Durch ein integriertes und kontinuierliches Fort- und Weiterbildungsprogramm wird die persönliche Weiterentwicklung der Mitarbeiter gefördert und die Basis für ein breiteres Verständnis für Zusammenhänge geschaffen.

- Aufgabenstrukturierung

  Bei der Strukturierung der Aufgaben ist das eigenverantwortliche Handeln von Mitarbeitern und Arbeitsgruppen ein wichtiger Faktor. Die Mitarbeiter müssen die Möglichkeit besitzen, ihr eigenes Arbeitsumfeld in bestimmten Grenzen mit zu gestalten und zu verändern. Vor allem bei hochqualifizierten Mitarbeitern ist dies ein wichtiger Aspekt der Arbeitszufriedenheit. Die Delegation von Verantwortung an Mitarbeiter ermöglicht der Gesamtorganisation wiederum ein freieres und effektiveres Arbeiten. Weitere Aspekte sind Job-Enlargement (Aufgabenerweiterung) oder Job-Enrichment (Aufgabenbereicherung) (vgl. Kap. 4.1).

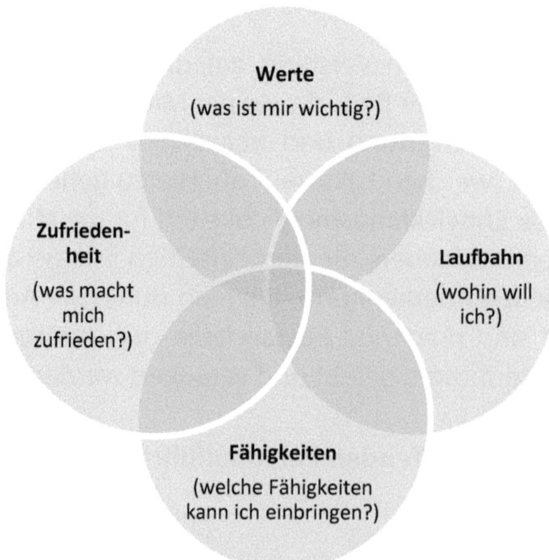

Abb. 25: Grundsatzfragen einer Führungskraft (Quelle: in Anlehnung an Wildemann 2002: 130)

- Karriereplanung

  Karriereplanung umfasst nicht nur das Ziel, jeder/m Mitarbeiter/in eine Perspektive zur persönlichen Weiterentwicklung zu kommunizieren, sondern auch, ihr/ihm durch die Auseinandersetzung mit künftigen Aufgaben und Funktionen die unternehmerische Entwicklung deutlich zu machen." Kurzfristig kann man beispielsweise Erfahrungen in Projekten sammeln, die eine erweiterte Aufgabenstellung haben.

Die Werte, die Ihnen als Führungskraft wichtig sind, sind dabei ein zentraler Pfeiler der eigenen Positionierung vor und während der Übernahme von Führungsverantwortung.

9.3 Work-Life-Balance

Neben den zuvor genannten Trends in der Entwicklung der Dynamisierung und zunehmenden Flexibilisierung der Arbeitswelt von morgen hält auch ein verändertes Verständnis zur Arbeit an sich Einzug. Diese Trends werden durch Faktoren der demografischen Entwicklung, durch den Strukturwandel der Arbeit, den Wertewandel in unserer Gesellschaft sowie durch die Entwicklung der Chancengleichheit zwischen Mann und Frau beeinflusst. Für die Sicherung von Motivation und der Loyalität der Mitarbeiter/innen spielt die private und familiäre Situation eine immer wichtigere Rolle. Diese Erkenntnis führt dazu, dass Unternehmen sich zunehmend mit Work-Life-Balance Maßnahmen für die ihrer Arbeitnehmer auseinandersetzen.

Das Bundesministerium für Familie, Senioren, Frauen und Jugend definiert Work-Life-Balance als eine „[...] neue, intelligente Verzahnung von Arbeits- und

Privatleben vor dem Hintergrund einer veränderten und sich dynamisch verändernden Arbeits- und Lebenswelt." [31]

Übersetzt man die englischen Begriffe Work, Life und Balance ins Deutsche, so bedeuten diese Arbeit, Leben und Ausgeglichenheit. Unter der Begriffskombination kann man eine ausgeglichene Balance zwischen Berufs- und Privatleben einer Person verstehen. Die Mitarbeiter/innen richten ihre Aufmerksamkeit nicht mehr nur ausschließlich auf die Arbeit selbst. Stattdessen gewinnen Themen wie die persönliche Gesundheit, zwischenmenschliche Beziehungen und die eigenen Wertvorstellungen an Bedeutung und müssen ausbalanciert werden. Geld und Karriere sind für viele nicht mehr oberstes oder alleiniges Ziel ihres (Berufs-)Lebens. Es wird immer wichtiger, private Interessen und das Familienleben mit den Anforderungen in der Arbeitswelt in Einklang zu bringen.

Das Konzept der Work-Life-Balance ist in seiner Gesamtheit betrachtet allerdings nicht nur die Vereinbarkeit von Beruf und Familie, sondern umfasst zusätzliche Aspekte, wie beispielsweise persönliche private Zielsetzungen jenseits des Familienlebens. Daher hat Work-Life-Balance generell das Ziel, „die Ansprüche beider Lebensbereiche miteinander vereinbaren [zu] lassen."[32].

Andere Autoren fügen diesen beiden Bereichen noch explizite Dimensionen wie Gesundheit oder (Lebens-)Sinn/Werte hinzu. Ziel ist es, alle vier Bereiche miteinander in Einklang zu bringen und so ein Gleichgewicht zu schaffen. Wird einer dieser Bereiche von einer Führungskraft oder einer Mitarbeiterin/einem Mitarbeiter zu sehr in Anspruch genommen und werden dadurch andere Bereiche vernachlässigt, entstehen Konflikte. Diese Konflikte zeigen sich zum einen in der

---

[31] Bundesministerium für Familie, Senioren, Frauen und Jugend 2005/2006, S. 4.

[32] Meifert 2004: 341

Person selbst und zum anderen in Konfliktsituationen mit der persönlichen Umwelt.

Beispiel: *Wird dem Bereich der Arbeit zu viel Aufmerksamkeit gewidmet, wird das Privatleben zwangsläufig darunter leiden. Dies führt mittelfristig dazu, dass persönliche Rückzugsräume und Regenerationsmöglichkeiten schwinden und das Leistungspotential sinkt. Findet allerdings ein kurzzeitiges Ungleichgewicht in einem der Bereiche statt, hat dies keine schwerwiegenden Auswirkungen, wenn dies von der intakten sozialen Umgebung akzeptiert wird.*

Aber nicht nur die Arbeitnehmerseite zieht aus einer Ausgeglichenheit zwischen Arbeit und Privatleben ihre Vorteile, sondern auch die Unternehmen profitieren langfristig von einer intakten Work-Life-Balance. Ausgeglichene Mitarbeiter/innen sind produktiver, zufriedener und motivierter und haben weniger Fehlzeiten. Zu diesem Ergebnis kam eine Erhebung des Forschungszentrums für Familienbewusste Personalpolitik.[33]

Motive eines Unternehmens für die Beachtung der Work-Life-Balance können unter anderem folgende sein:

- Erhöhung der Mitarbeiterzufriedenheit
- Bindung oder Gewinnung qualifizierter Mitarbeiter/innen
- Kosteneinsparung: geringe Fluktuation und niedriger Krankenstand
- Qualitätsmerkmale für den Wettbewerb
- höhere Produktivität

---

[33] vgl. Gerlach et. al. 2013

Maßnahmen zur betrieblichen Umsetzung

Die Maßnahmen für eine Verbesserung der Work-Life-Balance sind zwar sehr vielfältig, dennoch gibt es drei Hauptbereiche, in denen eine betriebliche Umsetzung erstrebenswert ist.

Die drei Hauptbereiche der Work-Life-Balance in der Praxis:

- flexible Arbeitszeitregelung
- Gesundheitsprävention
- Bindung von Mitarbeiter/innen

Flexible Arbeitszeitregelungen

Gerade die flexible Gestaltung der Arbeitszeit ist ein Paradebeispiel für die Möglichkeit der Ausbalancierung zwischen den beruflichen Erfordernissen und privaten Bedürfnissen. Dabei ist die *Gleitzeit* eine der häufigsten umgesetzten Flexibilisierungsmaßnahmen in Unternehmen. Sie bietet Planungsfreiraum für den Beginn, die Pausen und das Beenden des Arbeitstages. Tariflich oder betrieblich wird eine Kernarbeitszeit festgelegt. In diesem Zeitraum müssen alle Mitarbeiter anwesend sein. Der Vorteil liegt darin, dass gerade Eltern am Morgen flexibel sind und ohne Zeitstress ihre Kinder versorgen können. Aber auch notwendige Erledigungen bei Behörden oder öffentlichen Ämtern können so erledigt werden, ohne Urlaubstage dafür „opfern" zu müssen.

Die *Teilzeit* ist dadurch charakterisiert, dass Arbeitnehmer eine kürzere regelmäßige Wochenarbeitszeit haben als Vollzeitbeschäftigte. Diese liegt meist zwischen 25 bis 34 Stunden, statt einer 40-Stunden-Woche. Dies kann sowohl betriebsintern wie auch -extern stattfinden. Diese Maßnahme zur Flexibilisierung der Arbeitszeit ist vor allem in bestimmten Lebensphasen, beispielsweise wenn die eigenen Kinder noch sehr klein sind, eine große Entlastung für die betroffenen Elternteile.

Dabei ist durch den Einsatz von modernen Technologien, wie externe Netzwerkzugriffe auf das Firmennetzwerk und die Mobilität des Arbeitswerkzeuges, beispielsweise durch den Laptop, eine physische Anwesenheit des Arbeitsnehmers nicht immer zu jedem Zeitpunkt erforderlich. Gerade im IT-Bereich und in vielen Dienstleistungsbereichen nimmt das *Home-Office* einen wichtigen Part ein. Kritiker dieser Form fügen an, dass die Trennung zwischen der Arbeit und dem privaten Bereich nicht mehr klar vorgenommen werden kann. Die Befürchtung liegt darin, dass die Arbeitnehmer im „Home-Office" eher zu viel arbeiten.

Eine weitere Variante ist das sogenannte *Job-Sharing*, hier wird eine Vollzeitstelle in zwei oder mehrere Teilzeitstellen gesplittet. Die Mitarbeiter erhalten einen gemeinsamen Arbeitsvertrag. Vorteil: Der Stellenumfang kann meist über eine „normale" Vollzeitvereinbarung hinaus ausgedehnt werden. Der Arbeitsplatz ist ständig besetzt, vor allem bei längeren Betriebszeiten. Die Mitarbeiter haben mehr Eigenverantwortung und können ihre individuellen Arbeitszeiten selbst festlegen. Bei Urlaub, Krankheit oder einer Fortbildung vertreten sie sich gegenseitig und bei Ausscheiden einer Person gehen weder Kompetenz und noch Wissen verloren. Darüber hinaus steigt das Potenzial an Kreativität durch mehrere Arbeitnehmer für das Unternehmen.

Sabbaticals eröffnen dem Mitarbeiter die Möglichkeit, über längere Zeiträume, unabhängig von Urlaubsansprüchen, nicht zu arbeiten und diese Zeit intensiv für andere Interessen oder Verpflichtungen zu nutzen. Grundlage ist die Gewissheit für die Arbeitnehmer, nach ihrer Rückkehr auf ihren Arbeitsplatz oder eine vergleichbare Stelle zurückkehren zu können. Die Absprachen sind hier stets sehr individuell.

Gesundheitsprävention

Die heutige Leistungsgesellschaft fordert häufig ihren Tribut: Kopf-, Magen- und Rückenschmerzen, oft gepaart mit Stress und Depressionen, sind die Folge von lang andauernden Druckphasen.

Krankheitsbilder wie „Burn-out“ sind teilweise eher ein modischer Begriff für altbekannte Phänomene wie Depressionen. Dennoch geben zahlreiche Studien den Hinweis, dass die Zahl psychosomatischer Beschwerden durch ein mangelndes Gleichgewicht der Belastungen insgesamt an Bedeutung gewonnen hat. Als Reaktion werden zunehmend betriebliche Maßnahmen angeboten, die das Wohlbefinden der Mitarbeiterin/des Mitarbeiters stärken sollen. Große Unternehmen bieten teilweise Fitnessangebote oder Betriebssport über ein eigenes Fitnessstudio oder die Kooperation mit externen Anbietern an. Gesundheitsangebote, wie Programme zur Förderung der gesundheitlichen Kompetenzen sowie Gesundheits-Checks, werden seitens der Mitarbeiter/innen jedoch sehr unterschiedlich genutzt und angenommen.

Bindung von Mitarbeiter/innen

Fachkräftemangel und der Erhalt des betrieblichen Know-hows sind Gründe für Programme zur Personalbindung. Besonders für junge Familien werden Maßnahmen angeboten, um Familie und Beruf erfolgreich in Einklang zu bringen. Kinderbetreuung ist wohl die bekannteste Maßnahme, aber auch Mentoring, Qualifizierungs- und Wiedereinstiegsprogramme fallen ebenfalls in diesen Bereich.

Die Kinderbetreuung ist nicht nur für Arbeitnehmer/innen, die bereits Kinder haben, von Bedeutung, sondern auch für jene, die noch in der Familienplanung sind. Betriebskindergärten und Tagesstätten bieten für die Mitarbeiter/innen die Vorteile, dass einerseits die Wege zwischen Arbeitsort und der Kinderbetreuung sehr kurz sind oder als qualitativer Vorteil andererseits die Möglichkeit besteht, Arbeitspausen gemeinsam mit den Kindern zu verbringen. Zufriedene Mitarbeiter/innen in der Elternphase und weniger Fehlzeiten sind das Ergebnis.

Beim Mentoring wird den Arbeitnehmer/innen ein/e Mentor/in an die Hand gegeben, der/die sie bei seiner beruflichen Entwicklung unterstützen soll. Ihre/seine Aufgabe ist es, mit den Mitarbeiter/innen einen Leistungsplan zu erstellen und diesen in der Umsetzung zu begleiten.

Auswirkungen auf das Unternehmen

Unternehmen setzen diverse balanceschaffende Maßnahmen aus Gründen um, die sowohl betriebswirtschaftliche Ziele als auch nicht-finanzielle Ziele verfolgen. Die Praxis zeigt, dass sich Work-Life-Balance-Maßnahmen positiv auf das Betriebsklima auswirken, was wiederum die Einsatzbereitschaft der Mitarbeiter/innen erhöhen und die Fluktuation verringern kann. Erfolgsrelevante Faktoren wie Mitarbeitermotivation und Arbeitsqualität lassen sich ebenfalls merklich steigern.

Darüber hinaus bewirken die Work-Life-Balance-Maßnahmen i.d.R. eine Imageverbesserung, da sie die Wertschätzung des Unternehmens gegenüber den Mitarbeiter/innen zum Ausdruck bringen. Die Betriebe haben dadurch weniger Schwierigkeiten bei der Rekrutierung von neuen und hochqualifizierten Mitarbeiter/innen, wie eine Umfrage im Auftrag der Gemeinnützigen Hertie-Stiftung bestätigt.[34]

Dass diese ‚ideellen' Ziele eine positive Auswirkung auf die Kosten der Personalakquise haben, hat das Bundesministerium für Familie, Senioren, Frauen und Jugend (BMFSFJ) ermittelt. Die Aufwendungen zur Personalbeschaffung gliedern sich u. a. in Kosten für Anwerbung, Auswahl, Einstellung und Ausbildung neuer Mitarbeiter/innen. Je nach Qualifikationsniveau ergibt sich eine Spannweite von rund 9.500 EUR bis 43.000 EUR pro Mitarbeiter/in. Familienfreundliche Maßnahmen, die zu einer schnelleren Wiedereingliederung ausgeschiedener Beschäftigter führen, bringen eine Kostenersparnis von bis zu 4.900 EUR für jede/n wiederkehrende/n Mitarbeiter/in. Zu diesen Arbeitnehmer/innen gehören vor allem Frauen und Männer, die nach Inanspruchnahme der Elternzeit wieder in den Beruf zurückkehren.

Selbstverständlich müssen Unternehmen auch Kapital investieren, um Work-Life-Balance-Maßnahmen umsetzen zu können. Manche Betriebe begründen ihre Zurückhaltung bei diesem Thema durch die fehlende Nachfrage; weitere Gegenargumente sind die befürchtete Benachteiligung kinderloser Mitarbeiter/innen durch familienfreundliche Maßnahmen.

Work-Life-Balance aus Führungsperspektive

Die Bedeutung der Work-Life-Balance für Führungskräfte kann aus zwei Perspektiven betrachtet werden. Zum einen stellt sich die Frage, welche Bedeutung das Work-Life-Balance-Konzept für die Führungskraft als Privatperson und Leis-

---

[34] vgl. Badura et al. 2004: 161

tungsträger besitzt. Zum anderen ist die Relevanz hinsichtlich der Rolle als Vorgesetzter zu bewerten.

In ihrer Rolle als Leistungsträger nehmen Führungskräfte folgende drei Belastungsschwerpunkte wahr:

- maximale Arbeitsanforderungen durch hohen Erfolgsdruck sowie ein dauerhaft hohes Arbeitspensum,
- zwischenmenschliche Konflikte im Führungsalltag, bspw. die mangelnde Kooperation seitens der Mitarbeiter/innen und Kollegen,
- das Gefühl der zeitlichen Fremdbestimmung.

Diese und weitere kontinuierliche Belastungen führen dazu, dass schätzungsweise über 15% der deutschen Führungskräfte durch arbeitsbedingten Stress gesundheitlich gefährdet sind. Somit sind Führungskräfte eine wichtige Zielgruppe für Work-Life-Balance-Maßnahmen.

Führungskräfte selbst nutzen jedoch Angebote zur Verbesserung der Work-Life-Balance eher selten. Beinahe 45% der Männer und Frauen in Führungspositionen empfinden die persönliche Vereinbarkeit von Beruf und Privatleben als problematisch, wie aus einer aktuellen Befragung der Zeitschrift „Beruf und Familie" unter 1.205 Führungskräften hervorgeht. Die Beschäftigten befürchten, die Inanspruchnahme von Work-Life-Balance-Maßnahmen könnte sich negativ auf die eigene Karriere auswirken. Zu groß ist die Angst, bei der Unternehmensleitung könne der Eindruck entstehen, der Managerin/dem Manager sei das Privatleben wichtiger als die beruflichen Ziele.

Das Herstellen einer angemessenen Balance zwischen Arbeit und Privatleben ist jedoch nicht ausschließlich zum Zweck der eigenen Gesundheit und Zufriedenheit notwendig, sondern auch aus Gründen der Mitarbeiterführung wichtig.

Schließlich nehmen Führungskräfte in ihrer Rolle als Vorgesetzte eine Vorbildfunktion ein. Darüber hinaus hat das Verhalten der Führungsperson die bedeutendste Auswirkung auf die Leistungsfähigkeit und Zufriedenheit der Mitarbeiter/innen.

Gerade als junge Führungskraft muss man eine ausreichende Sensibilität dafür entwickeln, zu erkennen, was den Mitarbeitern zumutbar ist. Beachten Sie bei den Anforderungen an Ihre Mitarbeiter, dass evtl. Kinder im Hause sind oder ein Familienmitglied gepflegt werden muss.

Auch für sich selbst sollte man bald eine Balance zwischen den beruflichen Erfordernissen und dem privaten Ausgleich finden, um die langfristige Leistungsfähigkeit zu erhalten.

9.4 Corporate Social Responsibility

Der Begriff Corporate Social Responsibility (unternehmerische Sozial-/Gesellschaftsverantwortung) beschreibt die freiwillige und selbstverpflichtende Investition eines Unternehmens in verantwortungsvolles Handeln.

Der unternehmerische Beitrag zu einer nachhaltigen Entwicklung geht dabei über die gesetzlichen und rechtlichen Pflichten des Unternehmens hinaus. Er bezieht sich sowohl auf das Handeln innerhalb des Unternehmens als auch auf das Handeln in Bezug auf das Unternehmensumfeld. Innerhalb des Unternehmens steht dabei die Ressource Personal im Mittelpunkt. Dazu gehören die Gewinnung und Erhaltung qualifizierter Arbeitskräfte durch ein systematisches Human-Ressource-Management, die Förderung des Arbeitsschutzes und betrieblichen Gesundheitsmanagements. Weitere Themen sind die notwendige Anpassung an den Wandel durch sozial verträgliche Umstrukturierungsmaßnahmen sowie ein umweltbewusstes und ein sozial verantwortliches Handeln auf allen Hierarchieebenen. Das Unternehmensumfeld umfasst sowohl die lokale Gemeinschaft als auch andere regionale und überregionale Interessens- oder Anspruchsgruppen (Stakeholder).

Das Bewusstsein für soziale Ungerechtigkeiten und Umweltzerstörung wächst in der Bevölkerung und damit auch in der Bezugsgruppe der Mitarbeiter/innen und Anleger. Durch die Globalisierung und die verbesserte Informations- und Kommunikationsmöglichkeiten, insbesondere über das Internet, sind Kunden besser vernetzt und können so ihre Interessen und Erwartungen gegenüber Unternehmen wirkungsvoller geltend machen.

Nach dem Konzept der Corporate Social Responsibility wird ein Unternehmen nicht ausschließlich nach wirtschaftlichen Kriterien beurteilt, sondern auch nach seinem Einsatz für eine interne und externe nachhaltige Entwicklung. Entscheidend für den Erfolg ist das Gleichgewicht zwischen ökonomischen, ökologischen und sozialen Aspekten des unternehmerischen Handelns.

Für den Erfolg der Aktivitäten eines Unternehmens im Rahmen der Corporate Social Responsibility ist vor allem eine feste Verankerung dieser im Unternehmen notwendig. Es muss ein klares Bewusstsein für die Beachtung entsprechender Verhaltensstandards bei allen Mitarbeiter/innen auf allen Ebenen des Unternehmens geschaffen werden. Das soziale bzw. gesellschaftliche Engagement des Unternehmens muss somit fest in die Unternehmenskultur eingebunden werden, um Zielkonflikte der Mitarbeiter/innen zu vermeiden. Neben der aktiven Kommunikation von Verhaltensrichtlinien gegenüber den Mitarbeiter/innen muss auch eine Kontrollinstanz innerhalb des Unternehmens geschaffen werden, die den offenen Umgang mit Fehlverhalten erleichtert.

Zusammenfassung

- Werden Sie sich über die Werte klar, die Ihnen persönlich wichtig sind. Wofür stehen Sie als Person?
- Analysieren Sie anhand der verfügbaren Informationen (Leitbilder, Berichte von Mitarbeiter/innen, Erfahrungen im Kontakt mit Repräsentanten des Unternehmens) die Werte in Ihrem Unternehmen bzw. Ihres künftigen Arbeitgebers. Werden diese Werte von allen Mitarbeiter/innen ausreichend vertreten?
- Analysieren Sie die Erwartungen der Stakeholder.
- Stellen Sie in Ihrer Rolle als Führungskraft sicher, dass die formale Umsetzung der Werte (Leitbild) und die gelebten Werte zusammenpassen.
- Machen Sie Ihren persönlichen Arbeits- und Führungsbereich zu einem Teil der Gesellschaft, der nicht nur den externen professionellen Erwartungen, sondern auch Ihren persönlichen Überzeugungen gerecht wird.

10 Wie kann ich mich selbst managen?

10.1 Einleitung

„Als sie das Ziel endgültig aus den Augen verloren hatten, verdoppelten sie ihre Anstrengungen."

Mark Twain

Zentrale Ziele dieses Kapitels

- die Aufgaben des Selbstmanagements kennenlernen
- Zeitmanagement als Aufgabe mit entsprechenden Methoden verstehen
- Prioritäten setzen können
- die Bedeutung persönlicher Planung verstehen

Schlagworte

- Eisenhower-Prinzip, Pareto-Prinzip
- Leistungskurve, Persönlichkeitstypen (Chronotypen)

In Zeiten, in denen bei vielen Unternehmen ein hoher Personal-, Zeit- und Kostendruck herrscht, leiden auch immer mehr Führungskräfte und Mitarbeiter/innen unter psychischen Erkrankungen wie Burn-out oder Depressionen. Als Hauptursache für diese Erkrankungen gilt negativer Stress (Disstress). Die wichtigsten Stressfaktoren im beruflichen Umfeld sind neben Versagensangst, Mobbing und Überforderung vor allem Termindruck und Zeitmangel.

Bereits seit mehreren Jahren nehmen psychische Erkrankungen unter Arbeitnehmer/innen stetig zu. Im Jahr 2011 stellten die Krankenkassen TK und DAK in ihren Gesundheitsreports erneut einen Anstieg um 1,3 Prozentpunkte auf 13,4 % fest. Besonders beunruhigend ist der Trend, dass die psychischen Erkrankungen auch in der Altersgruppe der jungen Erwerbstätigen und Studenten (20–34 Jahre) stark zunahmen. Auch die Verordnungshäufigkeit von Antidepressiva ist in dieser Altersgruppe stark angestiegen.

Gerade junge Führungskräfte, die zum ersten Mal mit erhöhter Verantwortung und ungewohnten Aufgaben konfrontiert werden, sind schnell überfordert und laufen Gefahr, unter der neuen Belastung zusammenzubrechen.

10.2 Selbstmanagement

Mit dem Begriff „Selbstmanagement" wird allgemein die Fähigkeit bezeichnet, die berufliche und persönliche Entwicklung vorwiegend unabhängig von externen Einflüssen zu gestalten. Dabei bilden folgende Komponenten die Basis für ein erfolgreiches Selbstmanagement:

- Selbsteinschätzung
- Zielsetzung
- selbstständige Motivation
- Zeitmanagement zur Planung und Organisation
- Erfolgskontrolle durch Feedback

Der erste Schritt zur Verbesserung des Selbstmanagements ist eine Analyse der eigenen Situation und Ziele. Dabei stehen unterschiedliche Methoden mit denen die aktuelle berufliche Situation und die persönlichen Stärken und Schwächen genau herausgearbeitet werden zur Verfügung. Nur nach einer umfassenden Analyse der IST-Situation können geeignete Maßnahmen zur Veränderung ergriffen werden.

Im nächsten Schritt ist die Beschäftigung mit Zielen sehr wichtig. Ziele bilden die Grundlage jeder Motivation, denn sie beschreiben einen in der Zukunft liegenden Zustand, der uns als Motiv für unser gegenwärtiges Handeln dient.

Ohne Ziele kann man sich schlecht organisieren bzw. die nächsten Schritte festlegen, die notwendig sind, um sich weiterzuentwickeln.

Oft fällt es schwer, Ziele konkret zu formulieren, da die meisten Menschen nur ungefähr wissen, was sie sich wünschen oder welche groben Vorsätze sie für ihre Zukunft haben. Dadurch entsteht oft das Gefühl, nicht voranzukommen bzw. den eigenen Wünschen und Erwartungen hinterherzuhinken. Nur wenn man sich ein klares Ziel setzt, wird dessen Erreichung überhaupt möglich.

Hilfreiche Fragen zur eigenen Positionsbestimmung:

- *Wozu dient Ihnen dieses Ziel? Also welchen Zweck beabsichtigen Sie mit dieser Veränderung?*
- *Wie wollen Sie dieses Ziel erreichen? Dies bedeutet: Welche einzelnen Aktivitäten/Maßnahmen sind notwendig, um das Ziel zu realisieren?*
- *Was ist der Endzustand, den Sie erreichen wollen? Hier sollten Sie entscheiden, wie genau der Zustand aussehen soll, bei dem Sie dieses Ziel als erreicht ansehen.*
- *Wann wollen Sie den Endzustand erreicht haben? Sie sollten einen Zeitpunkt oder Zeitrahmen festlegen, der Ihr Vorhaben zeitlich begrenzt.*

Nun kann man die Ziele außerdem in kurzfristige (innerhalb der nächsten 12 Monate), mittelfristige (innerhalb der nächsten 5 Jahre) und langfristige Ziele (Lebensziele/Karriereziele >5 Jahre) klassifizieren. Dennoch sind Ziele selten statisch, sondern sind dynamisch zu betrachten, das bedeutet, sie können sich im Laufe der Zeit verändern, wenn sich beispielsweise Lebensumstände verändern. Aus diesem Grund macht es Sinn, die eigenen Ziele von Zeit zu Zeit zu überprüfen.

Grundregeln für das berufliche Leben:

- *Eigenverantwortliches Arbeiten ist wichtig, Wenn man selbst bestimmen kann, an was man arbeitet und wozu die Arbeit, die man leistet, gut ist, ist das ein hoher Faktor der Selbstmotivation.*
- *Eine gute Zeitplanung und Büroorganisation verbessern die Arbeitsbedingungen.*
- *Kleine Fortschritte genießen, so bleibt das Interesse an der Arbeit erhalten und man verliert nicht die positive Grundeinstellung.*
- *Ein Gleichgewicht zwischen Routine und Abwechslung ist wichtig.*
- *Lob von anderen darf man annehmen.*

Um Ihre Ziele möglichst effizient zu erreichen, ist es hilfreich, sich immer wieder das so genannte Pareto-Prinzip vor Augen zu führen. Es besagt, dass man bereits mit 20% der eingesetzten Zeit und Energie 80% der Ziele erreichen kann. Das bedeutet, dass Sie durch stringentes Selbstmanagement und durch eine gute

Strukturierung der zur Verfügung stehenden Zeit, Ziele und Ergebnisse schneller erreichen können. Dazu gehört im Wesentlichen, dass man die eigenen Aktivitäten nach deren Beitrag auf das Gesamtergebnis einordnet. Es sind also Fragen wie: Welche meiner Aktivitäten haben den größten Einfluss auf das von mir definierte Ziel? Mache ich noch die richtigen Dinge?

10.3 Eigene Ziele

Eine sehr wichtige Komponente für das Selbstmanagement ist das zielorientierte Zeitmanagement. Gerade für junge Führungskräfte ist dies sehr wichtig, denn: „Nur wer sich selber organisiert, kann andere organisieren!" (Bischof/Bischof 2009: 43)

Wenn klare Ziele und Planung fehlen, kann man nur etwa 40% seines eigentlichen Potentials entfalten. Zeitmanagement bedeutet eine bewusste Planung des persönlichen Zeitkapitals und hilft, Ziele ohne Stress zu erreichen und Freiraum für Freizeit und Kreativität zu gewinnen.

Wenn Sie mehr Zeit für die wesentlichen Dinge aufbringen können, erhalten Sie am Ende bessere Resultate. Voraussetzung ist allerdings, dass Sie die wesentlichen von den unwesentlichen Dingen unterscheiden können, um anschließend so viel Zeit wie möglich für wesentliche und so wenig Zeit wie möglich für unwesentliche Dinge aufzubringen. Die auf den folgenden Seiten beschriebenen Instrumente helfen Ihnen, sich zu organisieren und somit zu größerer Wirksamkeit gegenüber sich selbst, Ihre/n Kolleg/innen und Vorgesetzten sowie als junge Führungskraft auch gegenüber Mitarbeiter/innen zu kommen.

10.4 Prioritäten-Analyse

Es ist zunächst wichtig, Prioritäten richtig zu setzen, denn dadurch kann vorhandene Energie und Kraft auf ein Ziel hin fokussiert werden. Prioritäten setzen bedeutet aber auch, Entscheidungen zu treffen, sich für oder gegen eine Aufgabe zu entscheiden. Um diese Entscheidungen nicht willkürlich zu treffen, gibt es unterschiedliche Instrumente.

Eisenhower-Prinzip

Diese Methode geht auf den amerikanischen General und Präsidenten Dwight D. Eisenhower (1890-1969) zurück. Sie ermöglicht die Gruppierung der zu erledigenden Aufgaben nach ihrer Wichtigkeit und Dringlichkeit. Anschließend erhält man für jede Tätigkeit eine Handlungsempfehlung.

WICHTIGKEIT UND DRINGLICHKEIT	DRINGEND	NICHT DRINGEND
WICHTIG	Aufgaben sofort selbst erledigen	Aufgaben planen, möglichst selbst machen
NICHT WICHTIG	Aufgaben delegieren oder nachrangig erledigen	Aufgaben sofort wegwerfen

Abb. 26: Die Eisenhower-Matrix (Quelle: Darstellung nach Bischof/Bischof 2009: 47)

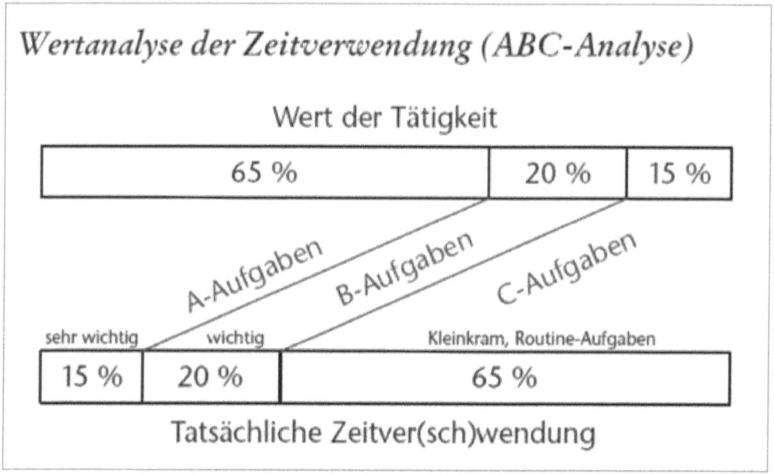

Abb. 27: Wertanalyse der Zeitverwendung (Quelle: Seiwert 2005: 51)

ABC-Analyse

Eine weitere Methode, um anstehende Aufgaben zu ordnen und zu priorisieren, ist die ABC-Analyse. Der Grundgedanke der ABC-Analyse basiert auf der Tatsache, dass es wenige wichtige Aufgaben (A), ein paar mittel-wichtige Aufgaben (B) und viele eher unwichtige Aufgaben (C) gibt.

Wie eine Wertanalyse der Zeitverwendung jedoch zeigt, entsprechen die Anteile der A-, B- und C-Aufgaben an der tatsächlichen Zeitverwendung nicht ihrem entsprechenden Wert.

Wie man in der Abbildung 27 sieht, werden für A-Aufgaben nur 15% der tatsächlichen Zeit aufgewendet, obwohl sie 65% des Gesamterfolgs ausmachen. Hingegen verschwendet man 65% der Zeit, um C-Aufgaben zu erledigen, obwohl diese am wenigsten zum Arbeitserfolg beitragen.

- A-Aufgaben können nicht delegiert werden, sie müssen von Ihnen selbst oder Ihrem Team ausgeführt werden. Sie sind für die Erfüllung der eigenen Position am bedeutendsten.
- B-Aufgaben, sind als durchschnittlich wichtige Aufgaben (teilweise) delegierbar.
- Bei C-Aufgaben handelt es sich um sogenannte Routineaufgaben wie Papierkram, Ablage, Lesen, Telefonieren, Korrespondenz und andere Verwaltungsarbeiten. Diese Aufgaben stellen die größte Menge an Arbeit dar, sind jedoch für die Erfüllung der eigenen Funktion am wenigsten wichtig.

10.5 Zeitfresser eliminieren

Nach der Analyse und Priorisierung der Aufgaben ist es notwendig, Zeitfresser aus dem Arbeitsalltag zu eliminieren. Denn Zeitfresser halten einen davon ab, die wichtigen Dinge zu tun. Nicht selten hört man von Führungskräften, dass Sie zu den eigentlichen Tätigkeiten ihrer Funktion erst kommen, wenn alle Mitarbeiter/innen im Feierabend sind. An manchen Zeitfressern ist man selbst schuld, für andere ist die Umgebung verantwortlich. Damit jedoch ein effektives Zeitmanagement durchgeführt werden kann, müssen die Zeitfresser identifiziert und auf ihre Ursachen hin untersucht werden. Dann ist es möglich, geeignete Gegenstrategien zu entwickeln.

Welches sind die gewichtigsten Zeitdiebe? Welche Aktivitäten rauben zu viel Zeit, ohne erkennbare Ergebnisse zu erzielen, die den Zeitaufwand rechtfertigen würden?

Perfektionismus

Ein sehr häufiger, zeitfressender Faktor ist der eigene Perfektionismus: „Keiner kann diese Aufgabe so gut wie ich." Perfektionisten stecken sich selbst zu hohe Ziele, die nur mit einem enormen Zeit- und Energieaufwand erreicht werden können. Das führt zwangsläufig zu Stress und bei Nichterreichen zu Frustration. Nicht selten neigen Menschen, die nach Perfektionismus streben, dazu, Arbeiten aufzuschieben, aus Angst davor, sie nicht perfekt zu machen. Geht dies einher mit einem Misstrauen gegenüber der Leistung anderer, so werden Aufgaben zusätzlich kaum delegiert. Dies alles führt zu einer enorm hohen Belastung und raubt Zeit, Energie aber auch Gelassenheit. Perfektionismus kann sich dabei nicht nur in der Aufgabenerledigung zeigen. Es ist wichtig, sich bewusst zu machen, dass eine vollkommene Arbeitserledigung weder realistisch noch erstrebenswert ist.

Aufschieben von Aufgaben

Ein häufig zu beobachtendes Phänomen ist das Flüchten in andere Aufgaben oder in das Nachgehen von Lieblingsbeschäftigungen mit dem Resultat, dass die eigentlichen Aufgaben liegen bleiben. Gründe für ein Aufschieben von Aufgaben gibt es viele. Man macht gewisse Dinge ungern, es fehlen wichtige Informationen, es ist unklar, wie etwas angegangen werden soll, das Aufgabenvolumen ist zu groß, es bestehen Bedenken und Unsicherheit. Es werden harte Entscheidungen verlangt, Dinge sind schwierig und unangenehm. Vielleicht ist es aber auch eine schlechte Angewohnheit aus früheren Tagen. Schließlich hat es sonst immer funktioniert, wenn etwas auf die letzte Minute erledigt wurde, als der Druck groß genug war. Unter Druck und Stress zu arbeiten ist auf Dauer jedoch ungesund und man bleibt hinter dem, was man bei rechtzeitigem Erledigen hätte erreichen können, zurück. Zusätzlich verbraucht das Aufschieben unnötige Energie im Vergleich zum sofortigen Erledigen, was die nachfolgende Abbildung 28 verdeutlicht. Zudem macht das direkte Erledigen den Schreibtisch und den Kopf frei. Abgearbeitete Aufgaben werden zur Seite gepackt und es droht nicht die Gefahr, sie zu vergessen. Gleichsam tritt ein sofortiges Erfolgserlebnis ein, was zu Zufriedenheit führt.

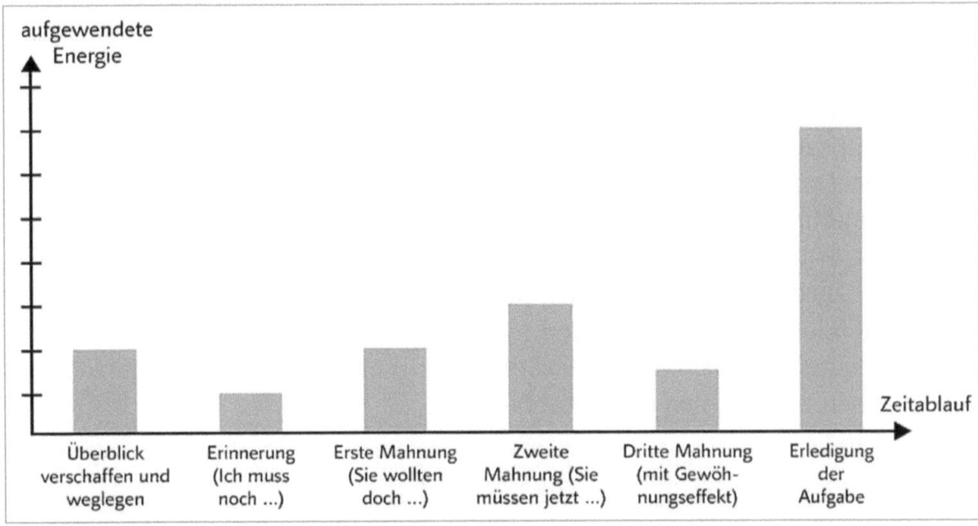

Abb. 28: Energieaufwand beim Aufschieben (Quelle: Darstellung nach Walter/Schneider 1998: 39.)

Es ist leicht ersichtlich, dass die mehrmalige Beschäftigung mit der Aufgabe, ohne sie jedoch zu erledigen, Zeit und Energie kostet. Wenn es immer wieder dieselben Aufgaben sind, die nicht angegangen werden, ist eine Analyse hilfreich. Gibt es Gründe, warum man die Aufgaben nicht erledigen möchte oder kann? Hat man zu einem bestimmten Zeitpunkt alle Informationen von Dritten, fühlt man sich selbst unsicher oder macht diese Aufgabe einfach keinen Spaß?

Unterbrechungen und Störungen

Im beruflichen Alltag kommt es immer wieder zu Störungen und Unterbrechungen. Das Telefon klingelt, ein unerwarteter Besuch steht vor der Tür, ein Kollege hat nur eine kleine Frage oder der Vorgesetzte braucht ganz dringend eine bestimmte Datei. Nicht alle Unterbrechungen sind dabei gleich Störungen. Nur solche, die unnötig sind oder zu einem ungünstigen Zeitpunkt erfolgen, können als solche bezeichnet werden. Ebenso ist es nicht möglich, alle Störungen zu vermeiden. Doch die, die sich vermeiden lassen, sollte man erkennen und ihnen klar entgegentreten, damit die eigenen Ziele verfolgt werden können. Denn auch wenn eine Unterbrechung noch so klein ist, raubt sie nicht nur direkt Zeit, sondern führt auch dazu, dass man sich danach erst wieder in die bearbeitete Aufgabe hineindenken und einarbeiten muss, was erneuten Zeit- und Energieaufwand bedeutet. Erst nach einer Aufwärmphase ist es möglich, an dem Punkt weiterzumachen, an dem man aufgehört hat.

Besonders bei wichtigen und komplizierten Arbeiten, die höchste Konzentration erfordern, müssen Störungen vermieden werden. Als Führungskraft können Sie auch kommunizieren, dass man nicht ständig erreichbar sein muss. Häufig wird das dadurch gelöst, dass im Normalfall die Bürotür offen steht, wenn sie aber geschlossen ist, jeder weiß: Die Chefin/den Chef darf man im Moment nicht stören.

Dabei sollte beachtet werden, dass es in einem typischen Büroalltag Zeitpunkte gibt, an denen es besonders häufig zu Störungen kommt. Diese Zeiten sollten bereits beim Planen berücksichtigt werden, um nicht wichtige und komplizierte Aufgaben in einen Bereich mit großer Störungshäufigkeit zu legen.

Nicht NEIN sagen können

Viele Menschen neigen dazu, zu allem JA zu sagen, sei es aus Angst vor Konfrontation, Ablehnung, Informationsdefiziten o.ä. Auch einmal NEIN zu sagen, kann jedoch in manchen Momenten sehr hilfreich sein und bedeutet nicht gleich, dass man sich unkollegial verhält. Denn wer nicht NEIN sagt, verstrickt sich leicht in zu vielen Tätigkeiten, die einem die Zeit rauben und davon abhalten, die eigenen Aufgaben zu erledigen. Für Wichtiges bleibt dann zu wenig Zeit. Wenn man nicht nur für die eigenen, sondern gleichzeitig immer wieder für die Ziele anderer arbeitet, kommt es zwangsläufig zu Stress.

Häufig sieht man diese Gefahr jedoch nicht, denn es ist manchmal nur ein „Schwätzchen" oder man soll etwas für einen anderen erledigen. Doch auch vermeintlich kleine Gefälligkeiten rauben einem selbst wertvolle Zeit. Das führt unter Umständen dazu, dass man Arbeit mit nach Hause nimmt und somit zusätzlich das Privatleben belastet. Wenn dies der Fall ist und man vor lauter Hilfsbereitschaft nicht mehr zu den eigenen Aufgaben kommt, muss man lernen, stark zu sein und auch einmal NEIN zu sagen.

Unordnung

Ein aufgeräumter und ordentlicher Arbeitsplatz schafft Zeitersparnis und hilft, den Überblick zu behalten. Es geht dabei nicht darum, dass der Schreibtisch nach einem exakt vorbestimmten System geordnet wird, denn jeder Mensch ist anders und muss seine Arbeitsumgebung so gestalten, wie es für ihn und seine Arbeit am besten ist. Wichtig ist, dass man den Überblick behält und benötigte Dinge schnell findet, was viel Zeit und Nerven erspart. Wiederholtes in die Hand nehmen, nur um es dann wieder auf einem weiteren Stapel abzulegen, sollte vermieden werden. Auch die eigene Arbeitsweise hängt stark davon ab, wie die

Umgebung gestaltet ist. Ob ein Arbeitsplatz Ruhe ausstrahlt oder überquillt und für ständige Ablenkung sorgt, ist entscheidend. Denn eine äußere Unordnung hängt meist mit einer inneren Unordnung und Unruhe zusammen. Liegen viele Dinge verstreut um einen herum, neigt man leicht dazu, angefangene Vorgänge hinzulegen und neue zu beginnen, geschieht dies auf Kosten der Effizienz. Gleichzeitig steigert es den Druck, wenn alle noch offenen Aufgaben ständig im Blickfeld liegen. Der physische Raumbedarf ist zudem deutlich größer als bei einer strukturierten und aufgeräumten Arbeitsumgebung. Letztlich hilft eine gute Ordnung auch, wenn, beispielsweise im Krankheitsfall, ein Stellvertreter die Arbeit übernehmen muss. Dieser kann sich dann leichter zurechtfinden.

Für eingehende Informationen/Briefe etc. gibt es im Prinzip fünf Möglichkeiten:

- *wegwerfen*
- *ablegen für später*
- *delegieren*
- *selbst zeitnah bearbeiten*
- *archivieren*

Mit Hilfe eines Ablagesystems, das an die persönlichen Bedürfnisse angepasst ist, lässt sich leicht eine sinnvolle Ordnung erreichen. Dann können Dinge schnell abgelegt und schnell wiedergefunden werden. Ob dafür ein Hängeregister, Ringbuchhefter/Ordner o. ä. verwendet werden, muss letztlich jeder selbst entscheiden. Auch ist es von Fall zu Fall unterschiedlich, ob es sinnvoller ist, chronologisch, alphabetisch oder themenbezogen zu ordnen. Allerdings kostet eine zum Perfektionismus getriebene Archivierung ebenfalls sehr viel Zeit. Hier muss man den Grad der Praktikabilität finden.

Was auf dem Schreibtisch funktioniert, gilt auch für den virtuellen Bereich wie beispielsweise das E-Mail-Postfach. Das Anlegen von Ordnern in einer sinnvollen Struktur hilft, auch bei einer großen Informationsflut den Überblick zu behalten, Wichtiges von Unwichtigem zu trennen und später Gesuchtes leicht wiederzufinden. Gleichwohl sollte die Ordnerstruktur auf dem Computer gut durchdacht sein. Dabei besteht häufig die Gefahr, aufgrund des nahezu unbegrenzten Raums und den unsichtbaren Datenmengen unnötige Dinge abzuspeichern, die die Systematik füllen und das Auffinden von wirklich wichtigen Dingen erschweren. Ein Durchsehen und Entsorgen findet fälschlicherweise beim virtuellen Arbeitsplatz kaum statt.

Kommunikation und Medien

Ein großer Teil der Arbeitszeit wird für die Kommunikation mit anderen aufgewendet. Ob in Besprechungen, am Telefon, bei Besuchen, ob mit externen Kunden und Partnern oder internen Kolleg/innen und Vorgesetzten. Heutzutage wird nahezu 50% der Arbeitszeit in Meetings verbracht. Daher ist es wichtig, diese Zeit so effizient wie möglich zu nutzen und schneller bessere Ergebnisse zu erzielen. Richtige Kommunikation kann das Zeitbudget entlasten, indem zum Beispiel rasch an der richtigen Stelle nachgefragt wird, statt ewig zu recherchieren. Wie Kolleg/innen miteinander umgehen, wie Konflikte gelöst werden und Informationen ausgetauscht werden, hängt davon ab, ob es eine feste Struktur gibt. Werden Gespräche bewusst geplant und durchgeführt, sind diese in der Regel im Sinne eines erfolgreichen Zeitmanagements gegenüber spontanen Klärungen zwischen Tür und Angel vorzuziehen.

Auch die Wahl der Kommunikationsform ist wichtig. So kann es über den elektronischen Weg, der häufig aus Bequemlichkeit vorgezogen wird, leichter zu Missverständnissen kommen. Daher ist es manchmal besser, die etwas aufwändigere Methode des persönlichen Gesprächs oder des Anrufs zu wählen, statt mehrfach hin und her zu schreiben.

Bei Besprechungen kann das VDN-Prinzip (Vorbereitung, Durchführung, Nachbereitung) hilfreich sein. Dabei macht man sich zuvor Gedanken, welche Ziele erreicht werden sollen, legt den Anlass und die Dauer fest und kümmert sich um benötigte Unterlagen. Danach führt man die Besprechung konsequent durch, ohne das Ziel aus den Augen zu verlieren und hält die Ergebnisse für alle fest.

Wenn Sie das Gefühl haben, dass Ihre Kommunikation effektiver gestaltet werden kann, können Sie in den Tipps zur Kommunikation wertvolle Ratschläge finden.

10.6 Zeitmanagement

Die zur Verfügung stehende Zeit optimal einzusetzen und dabei noch die Work-Life-Balance zu berücksichtigen, ist eine komplexe Aufgabe. Neben allen weiteren Hilfsmitteln, die für ein optimales Zeitmanagement Unterstützung bieten, gilt doch, dass der eigene Wille und die eigene Konsequenz die wichtigsten Erfolgsfaktoren sind.

Planen

Planen bedeutet, die Zukunft gedanklich vorwegzunehmen, sich darauf einzustellen, was kommen wird oder geschehen kann. Ein optimales Zeitmanagement setzt eine bestmögliche Planung voraus, diese bildet damit das Herzstück. Wer lernt, richtig zu planen, d. h. sich seine Zeit und die zu bearbeitenden Aufgaben richtig einzuteilen, gewinnt viel Zeit, die bei mangelhafter Planung in die Beseitigung von Fehlern und Mängeln investiert werden müsste. Das Argument, dass auch Planung Zeit brauche, ist nicht wirklich gerechtfertigt. Wenn das richtige Maß an Zeit für die Planung aufgewendet wird (nicht zu viel und nicht zu wenig), steht am Ende trotz des Mehraufwandes für die Planungszeit sogar ein Zeitgewinn. Dieser kann für andere Aktivitäten genutzt werden, da man bei der Durchführung weniger Zeit benötigt hat.

Wer bereits acht Minuten einsetzt, um den Folgetag zu planen, der kann täglich bis zu eine Stunde Zeit sparen. Das heißt auch, dass die eigenen Ziele besser und schneller erreicht werden, denn eine erfolgreiche Planung lenkt den Blick auf das Wesentliche und verhindert, dass man sich „verzettelt". So hat man stets alles Wichtige im Blick und behält die Übersicht auch bei einer Vielzahl von Aufgaben und Projekten. Damit werden Hektik und Stress vermieden sowie die eigene Arbeitsweise optimiert.

Zumeist wird eine Aufgabenplanung im Geschäftsalltag auf Tages- und Wochenbasis durchgeführt. Dennoch sollten auch langfristige Termine, Aufgaben und Ziele im Auge behalten werden. Jeweils am Ende der vorherigen Planungsperiode sollte für die nächste geplant werden, d. h. am Ende eines Tages für den nächsten oder am Ende der Woche für die kommende usw.

Grundregeln für die Planung sind:

- Schriftlichkeit

  Was aufgeschrieben ist, egal ob auf Papier oder elektronisch, ist überschaubar und wird nicht mehr so leicht vergessen. Gleichfalls motiviert Aufgeschriebenes dazu, die Dinge auch wirklich anzupacken und zu erledigen. Eine bessere Übersichtlichkeit ist gleichwohl gegeben, die Aktivitäten werden zielgerichteter und konzentrierter ausgeführt. Zudem ist es so möglich, Bilanz zu ziehen, das heißt zu kontrollieren, welche Aufgaben erfüllt wurden und welche einer neuen Planung bedürfen. Wichtig ist es, alles gesammelt an einem Ort aufzuschreiben und nicht auf einzelne Notizzettel. Die Arbeit mit Farben kann dabei helfen, eine bessere und schnellere Übersicht zu erreichen. Ob damit Prioritäten, verschiedene Aufgabentypen, verschiedene Kunden o. ä. farblich unterschieden werden, ist dabei völlig freigestellt.

- Keine Planung ohne Termin

  Aufgaben sollten stets mit festen Terminen versehen werden. Auch Aufgaben, die keine festen zeitlichen Vorgaben besitzen, sind davon nicht ausgenommen. Auch eine „Stille Stunde", also eine störungsfreie Stunde, um Zeit für Reflexion und für Planung zu haben, muss terminiert werden, ansonsten werden diese Termine nie realisiert und bleiben Wunschtraum.

- Von oben nach unten planen

  Prinzipiell wird vom größeren Zeithorizont zum kleineren geplant, jeweils beginnend mit den wichtigsten Zielen, Aufgaben und Prioritäten. Diese werden durch das Herunterbrechen auf immer kürzere Planungszeiträume zunehmend untergliedert und alltägliche regelmäßige Aufgaben kommen hinzu. Große Aufgaben sollten aufgrund ihrer Machbarkeit und besseren Kontrollierbarkeit in Teilaufgaben und Teilziele unterteilt werden. In einem Zeitplan werden zunächst die festen Verpflichtungen wie etwa Meetings oder Kundengespräche eingetragen. Danach folgen wichtige, aber zeitlich nicht gebundene Tätigkeiten. Anschließend werden die restlichen Aufgaben verteilt. Besonders bei Aufgaben, die nicht alleine durchgeführt werden, ist es wichtig, den eigenen Zeitplan mit anderen Beteiligten abzustimmen.

- Pausen

  Pausen sind enorm wichtig für eine erfolgreiche Planung, denn sie dienen der Erholung, spenden Kraft und neue Energie. Die angeblich „verlorene" Zeit wird anschließend durch eine deutlich höhere Effizienz wettgemacht, denn Pausen steigern die Produktivität erheblich. Zu langes und intensives Arbeiten führt hingegen zwangsläufig dazu, dass Konzentration und Leistungsfähigkeit nachlassen und sich Fehler einschleichen.

Nach ein- bis eineinhalb Stunden sollte eine zehnminütige Pause eingelegt werden. Durch Bewegung und Sauerstoffzufuhr wird der Regenerationseffekt zusätzlich gesteigert. Außerdem helfen Pausen, Distanz zu einem Thema zu gewinnen und später vielleicht mit einer anderen Perspektive an die Sache heranzugehen zu können.

- Puffer planen, realistisch bleiben

  Lediglich 60% der Arbeitszeit sollten mit fixen Aufgaben verplant werden. Der Rest ist für Unvorhergesehenes reserviert. Diese 60:40-Regel bietet realistische Pufferzonen für einen normalen Büroarbeitstag. Gegebenenfalls kann ein eigener Schlüssel festgelegt werden, der zum Arbeitsumfeld und dem Aufgabenbereich besser passt. Dieser kann über einen Experimentierzeitraum von zwei bis drei Wochen ermittelt und angepasst werden, bis der Wert in der Praxis tauglich ist. Danach sollte mit diesem Verhältnis geplant werden.

Eine **gewisse Flexibilität** ist bei der Planung zwingend notwendig, da häufig kurzfristige Besprechungen o.ä. hinzukommen. Man sollte daher immer mit Veränderungen rechnen und sich bewusst machen, dass man in Alternativen planen und handeln muss. Es gibt für alles immer mehrere Wege und Lösungen. Gerade wenn der Tagesablauf stark von äußeren Einflüssen abhängt, sollte nur eine grobe Tagesplanung erstellt werden. Denn ist die Planung zu detailliert und kann daher nicht eingehalten werden, führt dies zu unnötigem Frust und einem schlechten Gewissen.

Leistungskurve beachten

Der Umgang mit eigenen Energien, die Beachtung der persönlichen Leistungskurven und Rhythmen ist ein wesentliches Element jeder guten Selbst- und Zeitorganisation. Im Laufe eines Tages unterliegt die Leistungsfähigkeit des Menschen gewissen Schwankungen. Diese vollziehen sich in einem natürlichen Rhythmus und sind daher im Voraus absehbar. Die folgende Abbildung 29 zeigt die Normkurve des Fachverbands REFA. Dabei liegt der Leistungshöhepunkt am Vormittag, am Nachmittag ist das bekannte Nachmittagstief angesiedelt und nach einem Zwischenhoch am frühen Abend fällt die Leistungskurve kontinuierlich ab. Einige Stunden nach Mitternacht erreicht sie den absoluten Tiefpunkt.

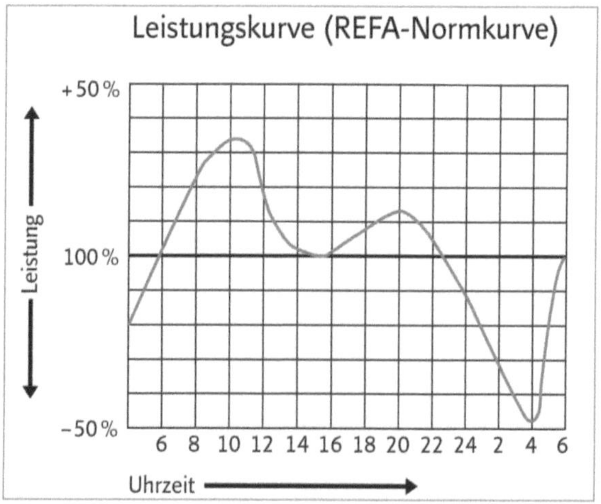

Abb. 29: Leistungskurve (Quelle: Darstellung nach Seiwert 2005: 62)

Da die Leistungskurve jedoch aufgrund von Ernährungsgewohnheiten und anderen persönlichen Merkmalen individuell variiert, sollten zunächst die eigenen

Hochs und Tiefs der Leistungsfähigkeit ermittelt werden. Diese können in die Vorlage zur Leistungskurve eingezeichnet werden. Damit kann die optimale Stunde ermittelt werden, in der Höchstleistungen möglich sind, sowie „tote Punkte" eingetragen werden. Man kann Menschen in so genannte Chronotypen einteilen, die aufgrund der eigenen inneren biologischen Uhr physische Merkmale wie z. B. Schlaf- und Wachphasen zu verschiedenen Zeiten in unterschiedlicher Ausprägung besitzen.

Die einzelnen Chronotypen unterscheiden sich in ihrer Leistungskurve. Ein Morgenmensch erreicht sein Tageshoch beispielsweise am frühen Morgen, die Energiekurve steigt rasch an, sodass das Leistungshoch schon früh erreicht wird. Der Abendmensch benötigt hingegen eine längere Anlaufzeit, zwischen 20 und 23 Uhr kann er am produktivsten arbeiten. Die nachfolgende Tabelle zeigt die Unterschiede bei Aufstehzeitpunkt, Zeit der höchsten Energie und bevorzugte Einschlafzeit bei fünf verschiedenen Chronotypen.

Chronotypen	bevorzugte Zeit des Aufstehens	Zeit der höchsten Energie	bevorzugte Bettzeit
stark ausgeprägter Morgentyp	5.00–6.30	5.00–8.00	20.00–21.00
schwach ausgeprägter Morgentyp	6.30–7.45	8.00–10.00	21.00–22.15
Indifferenztyp	7.45–9.45	10.00–16.00	22.15–0.30
schwach ausgeprägter Abendtyp	9.45–11.00	16.00–21.00	0.30–1.45
stark ausgeprägter Abendtyp	11.00–12.00	21.00–5.00	1.45–3.00

Tab. 4: Chronotypen (Quelle: Darstellung nach Riedenauer/Tschirf 2012: 76.)

Die persönliche Leistungskurve, also der persönliche Tagesrhythmus, ist bei der Planung stets zu beachten. Das heißt, komplexe Aufgaben/A-Aufgaben sollten in einen Zeitraum gelegt werden, in dem eine hohe Leistungsfähigkeit möglich ist. Leistungstiefs werden hingegen eher für Routinetätigkeiten genutzt, wodurch die anstehenden Aufgaben effektiver geplant werden. Gerade in einer Führungsposition ist es nicht nur wichtig, den eigenen Rhythmus zu kennen und entsprechend zu arbeiten, sondern auch zu wissen, wie es um die Mitarbeiter bestellt ist.

Was für den einzelnen Tag zählt, gilt auch für die Woche, d. h. sie unterliegt Schwankungen. Daher sollte hier gleichfalls zwischen intensivem Arbeiten und erholsameren Tagen abgewechselt werden. Fünf Tage unter enormen Druck zu arbeiten ist nicht sinnvoll.

Mit Checklisten arbeiten

Durch das systematische Auflisten von Maßnahmen/Dingen etc. bei regelmäßigen, gleichartigen Aufgaben müssen diese nicht immer wieder aufs Neue durchdacht werden. Erledigtes wird einfach abgehakt, man behält den Überblick und kann sich mit dem Eigentlichen befassen. Checklisten sollten jedoch nicht als starr angesehen, sondern immer wieder optimiert und angepasst werden. Dabei müssen diese möglichst konkret und einfach gehalten werden. Checklisten bieten sich beispielsweise für die Vorbereitung eines Kundengesprächs an. Sie beantworten Fragen wie „Was gehört dazu?“, „Was kommt zuerst?“, „Sind die Voraussetzungen erfüllt?“, „Habe ich an alles gedacht?“ und „Ist alles erledigt?“. Checklisten ermöglichen in bestimmten Arbeitsbereichen enorme Zeiteinsparungen und verringern das Fehlerrisiko. Auch kann eine Checkliste an Mitarbeiter weitergegeben werden und erspart so längere zeitaufwändige Erklärungen.

Kontrollieren

Durch eine Kontrolle wird sichergestellt, dass nichts Unerledigtes verloren geht. Ebenso kann geprüft werden, ob Annahmen realistisch waren und wo Optimierungsbedarf besteht.

10.7 Hilfsmittel für die Planung

Es ist hilfreich, beim Planen ein sogenanntes Zeitplanbuch zu verwenden. Ein solcher Zeitplaner, egal ob als elektronischer Organizer oder klassisch in Buchform, ist weit mehr als nur ein Kalender. Er umfasst Tagesplanungen, Wochen-, Monats- und Jahresübersichten, Termine, Aktivitätenlisten, Notizen, Adressen, Checklisten, Formulare etc. und ist ein Führungsinstrument für die Zeit- und Zielplanung. Er dient als Planungsinstrument, Erinnerungshilfe, Ideenspeicher und Kontrollwerkzeug. Auch eine Anruferliste kann sich darin befinden, mit der alle eingegangenen Anrufe festgehalten werden. Aus einer solchen Liste sollte ersichtlich werden, wer wann angerufen hat, welche Nummer zum Rückruf genutzt werden kann, was der Anrufer wollte und welche Aktivitäten man auf diesen Anruf folgen lassen muss. Dadurch wird die „Zettelwirtschaft" abgebaut und bei einem Anruf die wichtigsten Informationen gesammelt. Das Zeitplanbuch ist somit der wichtigste, praktischste Teil eines konsequenten und flexiblen Zeitplansystems in Form eines persönlichen Arbeitsspeichers. Er hilft, systematisch und sinnvoll mit der eigenen Zeit umzugehen. Ein solches Plansystem muss immer verschiedene Planungsebenen ermöglichen, eine Grobplanung auf Jahresebene, einen Monatskalender (bspw. für Projekte) und eine Wochen- sowie eine Tagesplanung mit ausreichend Platz. Ein elektronisches Zeitplantool, auch in Form eines mobilen Organizers, kann im Vergleich zur Papiervariante in vielerlei Hinsicht vorteilhaft sein. Es hilft automatisch bei der Trennung von Wichtigem und Unwichtigem, beantwortet Suchanfragen, stellt Termine/Planungen in unterschiedlichen Zeitansichten dar, strukturiert Notizen und verwaltet Daten sowie Ideen mit direkten Verknüpfungen. Zudem können automatische Erinnerungsfunktionen eingestellt werden und es besteht ein Zugriff von überall sowie eine nahezu unbegrenzte Speicherkapazität. Eine automatische Synchronisation zwischen Smartphone und PC ist ebenso vorstellbar und besonders wichtig, wenn man viel unterwegs ist. Positiv ist auch die Tatsache, dass es je nach Software möglich ist, auf Kalender der Mitarbeiter/innen zuzugreifen und Termine wie beispielsweise Meetings direkt einzutragen.

Alpen-Methode

Um einen Tag systematisch zu planen, können verschiedene Methoden, wie die nachfolgend erläuterte Alpen-Methode, verwendet werden. Diese besteht aus fünf Stufen und nimmt nur etwa acht bis zehn Minuten Zeit in Anspruch. Die einzelnen Buchstaben stehen dabei für die jeweilige Stufe.

- A = Alles aufschreiben

  (Aufgaben, Aktivitäten, Termine)

  In diesem Schritt werden alle Aktivitäten gesammelt und in ein Formular bzw. eine To-do-Liste eingetragen. Hierzu zählen notwendige Arbeiten aus der Aktivitätenliste/Generalliste, Unerledigtes vom Vortag, neu hinzukommende Tagesarbeiten, wahrzunehmende Termine, Telefonate und Korrespondenzen sowie periodisch wiederkehrende Aufgaben (z. B. Jour fixe an jedem ersten Montag im Monat).

- L = Länge schätzen

  Hierbei muss für jede Tätigkeit ein realistischer Zeitbedarf geschätzt werden. Dadurch wird verhindert, dass man mehr plant, als tatsächlich erreicht werden kann. Sofort wird erkenntlich, ob im ersten Schritt bereits zu viele Aufgaben für einen Tag vorgesehen wurden. Außerdem hat sich gezeigt, dass für eine Aufgabe häufig nur so viel Zeit benötigt wird, wie zur Verfügung steht. Somit hilft eine konkrete Vorgabezeit dabei, das Limit einzuhalten und wirkt gegen Perfektionismus. Des Weiteren ist ein konsequenteres und konzentrierteres Arbeiten möglich, da man Störungen eher unterbindet, wenn für bestimmte Aufgaben eine bestimmte Zeit vorgegeben ist.

Den richtigen Zeitbedarf zu schätzen ist besonders am Anfang sehr schwer. Aus Vergangenheitswerten oder Erfahrungen von anderen kann nach und nach leichter abgeschätzt werden, welche Aufgaben wie viel Zeitbedarf in Anspruch nehmen.

- P = Pufferzeiten einplanen

  Die bereits angesprochene Grundregel (60:40) bietet einen guten Orientierungsrahmen. Man sollte maximal 60% der Zeit verplanen, der Rest ist Spielraum für Störungen, unvorhergesehene Ereignisse und Zeitdiebe. Wenn diese Formel jedoch nicht zutrifft, kann es helfen, das Ganze eine Weile zu beobachten, zu analysieren und die Regel anzupassen. Somit kann verhindert werden, dass die eigene Planung einen selbst zu sehr unter Druck setzt.

- E = Entscheidung und Priorität

  In der Regel neigt man dazu, mehr als 60 Prozent der verfügbaren Arbeitszeit zu verplanen, daher ist es wichtig, die Aktivitäten auf ein realistisches Maß zusammenzustreichen, Prioritäten zu setzen (z. B. nach der Eisenhower-Matrix), Unwichtiges zu streichen oder Aufgaben an Mitarbeiter zu delegieren. Dadurch entsteht eine Rangfolge der Aktivitäten, die entsprechend abgearbeitet wird. Abschließend sollte man die Planung noch einmal überprüfen, ob an alles gedacht wurde.

- N = Nachkontrolle

  Am Ende eines Tages muss der Tagesplan überprüft werden. Erledigte Aufgaben können in der Aktivitätenliste abgehakt werden. Unerledigtes ist auf den nächsten oder einen der kommenden Tage zu übertragen.

10.8 Erfolgskontrolle

Das Zeitmanagement darf nicht nur aus dem Planen selbst bestehen, sondern bedarf gleichfalls einer anschließenden Evaluation. Auch wenn dieser Schritt selbst erneute Planungsarbeit und somit Zeitverbrauch bedeutet, ist er unabdingbar, um das eigene Vorgehen im Rahmen des Zeit- und Selbstmanagements zu verbessern und an persönliche Bedürfnisse ideal anzupassen. Durch eine Kontrolle wird erkennbar, ob man noch auf Kurs ist oder vom Ziel abweicht und gegebenenfalls gegensteuern muss. Auch können Erfolge verdeutlicht werden und zu Erfolgserlebnissen führen. Dies betrifft nicht nur das eigene Handeln, das unter die Lupe genommen und auf Schwachstellen hin untersucht wird, sondern auch die eingesetzten Planungswerkzeuge. Zwar bieten die bereits vorgestellten Methoden allgemeine Hilfsmittel, dennoch wirken sie bei jedem einzelnen anders, da jeder Mensch individuell agiert und besondere Vorlieben und Abneigungen hat. Daher ist es nötig, auch die Arbeit mit den Methoden auf ihre Wirkung hin zu überprüfen, um Präferenzen zu erkennen und letztlich eine bestmögliche Zielerreichung zu realisieren.

Der Abgleich des Soll- und Ist-Zustandes muss regelmäßig erfolgen, damit Ziele ihre volle Wirkung entfalten können. Die Selbstevaluation kann zwei Ergebnisse zutage fördern. Zum einen kann festgestellt werden, dass das gesetzte Ziel nicht erreicht wurde. Dies sollte zum Anlass genommen werden, das Ganze zu hinterfragen um mögliche Gründe für das Scheitern ausfindig zu machen. Waren die

Ziele oder die Planung nicht realistisch? Gab es unvorhergesehene Zwischenfälle? Wurden zu viele Zeitfresser zugelassen? Erkenntnisse aus dieser Reflektion bieten Potential zur Optimierung. Aus Fehlern kann man schließlich lernen, indem man Konsequenzen zieht und in Zukunft besser vorgeht. Dadurch kann die eigene Planung nach und nach realistischer und Ziele erreichbarer werden. Dies trägt nicht zuletzt zu einer steigenden Motivation bei. Zeigt die Evaluation zum anderen jedoch, dass Ziele oder Teilziele erreicht wurden, sollte man sich diesen Erfolg auch bewusst machen. Das stärkt die Zuversicht, dass das Ganze oder Teilziele machbar sind und aus eigenem Antrieb erreicht werden können. Eine Belohnung kann zusätzlich die Motivation fördern. Und auch aus positiven Ergebnissen lassen sich entsprechende Kenntnisse ziehen: Warum konnte das Ziel erreicht werden? Wie wurde mit Stolpersteinen umgegangen? etc.

Damit die Evaluation nicht unter den Tisch fällt, weil ihr keine Bedeutung beigemessen wird oder man sie als unangenehme und lästige Aufgabe betrachtet, sollte von vornherein bei jeder neuen Planungsperiode mit einem Rückblick auf die vergangene Planung begonnen werden. Je nachdem, auf welcher Zeitebene (Jahres-, Monats-, Wochen- und Tagesebene) evaluiert wird, sollte dafür unterschiedlich viel Zeit eingeplant werden. Für die Bewertung einer Jahresplanung ist ein Zeitrahmen von mindestens einer Stunde sinnvoll, damit die ursprünglichen Ziele vergegenwärtigt werden können und um herauszufinden, was inwiefern erreicht bzw. warum bestimmte Dinge nicht geschafft wurden. Besonders bei solchen großen Zeiträumen ist es wichtig, auch Teilerfolge entsprechend zu würdigen. Bei einer Monatsplanung kann die gleiche Reflektion in etwa einer halben Stunde durchgeführt werden, am Ende einer Arbeitswoche sollten zehn bis fünfzehn Minuten genügen. Die Reflektion der Tagesplanung erfolgt in der Regel spontan, da die Ereignisse noch im Gedächtnis sind. Hierfür reicht im Normalfall auch ein kürzerer Zeitraum von wenigen Minuten. Mit der Zeit werden dabei nicht nur die Planungen verbessert. Auch die Reflektionen können deutlich schneller durchgeführt werden.

Zusammenfassung

- Gestalten Sie Ihre Arbeitszeit aktiv i.S. eines gezielten Zeit- und Ressourcenmanagements.
- Planen Sie Pausen ein und eliminieren Sie Zeitfresser.
- Setzen Sie klare Prioritäten und nutzen Sie die Hochs in Ihrer individuellen Leistungskurve.
- Stimmen Sie Ihr Zeitmanagement mit Ihrer Umwelt (Familie, Kolleg/innen, Mitarbeiter/innen) ab.

Literaturverzeichnis

Badura, Bernhard; Schellschmidt, H; Vetter, Christian (2005): Fehlzeiten-Report 2004 Gesundheitsmanagement in Krankenhäusern und Pflegeeinrichtungen Zahlen, Daten, Analysen aus allen Branchen der Wirtschaft. Berlin: Springer. Online im Internet: http://site.ebrary.com/id/10182924 (Zugriff am: 01.03.2013).

Becker, Fred G; Kramarsch, Michael H. (2006): Leistungs- und erfolgsorientierte Vergütung für Führungskräfte. Göttingen [u.a.]: Hogrefe.

Bischof, Anita; Bischof, Klaus (2009): Selbstmanagement effektiv und effizient. Planegg; [Freiburg]: Haufe.

Breyer-Mayländer, Thomas (2009): Aktives Wertemanagement: Basis der Unternehmenskommunikation. Renningen: Expert-Verl.

Breyer-Mayländer, Thomas (2004): Einführung in das Medienmanagement: Grundlagen, Strategie, Führung, Personal. München: Oldenbourg.

Breyer-Mayländer, Thomas (2006): Managementaufgabe integrierte Unternehmenskommunikation: Praxis des Dialogs mit Kunden, Meinungsführern und Öffentlichkeit. Renningen: Expert-Verl.

Buckingham, Marcus; Clifton, Donald O. (2011): Entdecken Sie Ihre Stärken jetzt!: das Gallup-Prinzip für individuelle Entwicklung und erfolgreiche Führung. Frankfurt am Main: Campus.

Bundesministerium für Familie, Senioren, Frauen und Jugend: Work-Life-Balance – Analyse der volkswirtschaftlichen Effekte, 2005/2006, S. 4.

Comelli, Gerhard; Rosenstiel, Lutz von (2001): Führung durch Motivation: Mitarbeiter für Organisationsziele gewinnen. München: Vahlen.

Cube, Felix von (2006): Lust an Leistung: die Naturgesetze der Führung. München [u.a.]: Piper.

Delhees, Karl Heinz (1994): Soziale Kommunikation: psychologische Grundlagen für das Miteinander in der modernen Gesellschaft. Opladen: Westdeutscher Verlag.

Eppler, Martin J.; Mengis, Jeanne (2004): „The Concept of Information Overload: A Review of Literature from Organization Science, Accounting, Marketing, MIS, and Related Disciplines." In: The Information Society, 20 (2004), 5, pp. 325 – 344.

Gerlach et. al. (2013): Status quo der Vereinbarkeit von Beruf und Familie in deutschen Unternehmen sowie betriebswirtschaftliche Effekte einer familienbewussten Personalpolitik, Forschungszentrum familienbewusste Personalpolitik, Münster/Berlin/Bochum

Glasl, F. (2006): Konflikte in Organisationen: Handelsblatt Wirtschaftslexikon, Düsseldorf, S. 2991

Kassowitz, Georg (1988): Personal-Computer-Einsatz beurteilt mit Hilfe der Kosten-Nutzen-Analyse. Bern [u.a.]: Haupt.

Kobi, Jean-Marcel (2008): Die Balance im Management: Werte, Sinn und Effizienz in ein Gleichgewicht bringen. Wiesbaden: Gabler.

Kolb, Meinulf; Burkart, Brigitte; Zundel, Frank (2008): Personalmanagement: Grundlagen – Konzepte –Praxis. Wiesbaden: Betriebswirtschaftlicher Verlag Gabler.

Kübler-Ross, Elisabeth (1969): On death and dying. New York: Macmillan.

Meifert, Matthias T (2004): Gesundheitsmanagement im Unternehmen: Konzepte, Praxis, Perspektiven. Berlin [u.a.]: Springer.

Molcho, Samy (1988): Körpersprache als Dialog. Ganzheitliche Kommunikation in Beruf und Alltag. München: Verlag Moderne Industrie.

Neuberger, Oswald (2002): Führen und führen lassen: Ansätze, Ergebnisse und Kritik der Führungsforschung; mit zahlreichen Tabellen und Ubersichten. Stuttgart: Lucius und Lucius.

o.V. (o. J.): Change Management Studie 2008 | Publikationen/Studien | Capgemini Österreich. Online im Internet: http://www.at.capgemini.com/insights/publikationen/change_managementstudie_2008/ (Zugriff am: 01.03.2013).

o.V. (o. J.): Gallup Engagement Index. Online im Internet: http://www.gallup.com/strategicconsulting/158162/gallup-engagement-index.aspx (Zugriff am: 01.03.2013).

o.V. (o. J.): Home – manager magazin online. Online im Internet: http://www.manager-magazin.de/ (Zugriff am: 01.03.2013).

o.V. (o. J): http://wirtschaftslexikon.gabler.de/Archiv/54937/kommunikation-v7.html (Zugriff am: 8.6.2013)

o.V. (o. J.): SIGTECH AG, QM – Zielhierarchie. Online im Internet: http://www.sigtech-ag.ch/index.php?id=zielhierarchie (Zugriff am: 01.03.2013).

o.V. (o. J.): Vergütung außertariflicher Mitarbeiter – das Wirtschaftslexikon.com. Online im Internet: http://www.daswirtschaftslexikon.com/d/verg%C3%BCtung_au%C3%9Fertariflicher_mitarbeiter/verg%C3%BCtung_au%C3%9Fertariflicher_mitarbeiter.htm (Zugriff am: 01.03.2013e).

Olfert, Klaus, Pischulti, Helmut (2007): Kompakt-Training Unternehmensführung. Ludwigshafen (Rhein): Kiehl.

Quittschau, Anke; Tabernig, Christina (2007): Business-Knigge. Die 100 wichtigsten Benimmregeln. Planegg: Haufe Verlag.

Pircher-Friedrich, Anna Maria (2005): Mit Sinn zum nachhaltigen Erfolg: Anleitung zur werte- und wertorientierten Führung. Berlin: Erich Schmidt.

Riedenauer, Markus; Tschirf, Andrea (2012): Zeitmanagement und Selbstorganisation in der Wissenschaft ein selbstbestimmtes Leben in Balance. Wien: Facultas.wuv.

Schichtel, Alexandra (2010): Change-Management für Dummies [gestalten Sie Veränderungen in der Organisation mit!]. Weinheim: Wiley-VCH-Verl.

Schreyögg, Astrid (2010): Coaching für die neu ernannte Führungskraft. Wiesbaden: VS Verlag für Sozialwissenschaften / Springer Fachmedien Wiesbaden, Wiesbaden. Online im Internet: http://dx.doi.org/10.1007/978-3-531-92023-8 (Zugriff am: 01.03.2013).

Schulz von Thun, Friedemann (1981): Miteinander reden: Störungen und Klärungen: Psychologie der zwischenmenschlichen Kommunikation. Originalausg. Reinbek bei Hamburg: Rowohlt (= Rororo Sachbuch).

Seiwert, Lothar; Küstenmacher, Werner (2005): Wenn du es eilig hast, gehe langsam: mehr Zeit in einer beschleunigten Welt. Frankfurt: Campus.

Staehle, Wolfgang H (1991): Management: eine verhaltenswissenschaftliche Perspektive. München: Verlag Franz Vahlen.

Tannenbaum, Robert (2008): How to choose a leadership pattern. Boston, Mass: Harvard Business Press (= Harvard business review classics).

Vahs, Dietmar; Schäfer-Kunz, Jan (2007): Einführung in die Betriebswirtschaftslehre Lehrbuch mit Beispielen und Kontrollfragen. Stuttgart: Schäffer-Poeschel.

Winheller, Andreas (o. J.): Grundlagen der Kommunikation. Online im Internet: http://www.m-plus-pc.de/download.html (Zugriff am: 01.03.2013).

Wunderer, Rolf (1993): Führung und Zusammenarbeit: Beiträge zu einer Führungslehre. Stuttgart: Schäffer-Poeschel.

Index